普通高等教育"十三五"规划教材

微机电系统概论

主　编　邱丽芳　谢仲添
副主编　乔小溪　李艳琳　胡　锋
参　编　俞必强　李晓武　邹　静　王晶琳　楚红岩

U0341782

北京

冶金工业出版社

2020

内 容 提 要

  本书是"微机电系统"课程的配套教材，系统介绍了微机电系统的特点及应用前景、微机电系统的材料、微机电系统的加工、微机电系统的组成、微机电系统的设计及测试，重点介绍了适合于微机电系统结构设计的柔顺机构和平面折展机构的分析和设计方法。各章末均附有复习思考题，便于学生掌握所学知识。

  本书为高等院校机械类专业的本科生教学用书，也可供相关专业的工程技术人员和研究人员参考。

图书在版编目（CIP）数据

微机电系统概论/邱丽芳，谢仲添主编. —北京：冶金工业出版社，2020.10
普通高等教育"十三五"规划教材
ISBN 978-7-5024-8015-8

Ⅰ.①微… Ⅱ.①邱… ②谢… Ⅲ.①微电机—高等学校—教材 Ⅳ.①TM38

中国版本图书馆 CIP 数据核字（2019）第 027710 号

出 版 人　苏长永
地　　址　北京市东城区嵩祝院北巷 39 号　邮编　100009　电话　（010）64027926
网　　址　www.cnmip.com.cn　电子信箱　yjcbs@cnmip.com.cn
责任编辑　杨　敏　美术编辑　吕欣童　版式设计　禹　蕊
责任校对　郑　娟　责任印制　李玉山
ISBN 978-7-5024-8015-8
冶金工业出版社出版发行；各地新华书店经销；三河市双峰印刷装订有限公司印刷
2020 年 10 月第 1 版，2020 年 10 月第 1 次印刷
787mm×1092mm　1/16；13 印张；310 千字；195 页
31.00 元

冶金工业出版社　投稿电话　（010）64027932　投稿信箱　tougao@cnmip.com.cn
冶金工业出版社营销中心　电话　（010）64044283　传真　（010）64027893
冶金工业出版社天猫旗舰店　yjgycbs.tmall.com
（本书如有印装质量问题，本社营销中心负责退换）

前　言

微机电系统（MEMS）自 20 世纪 80 年代提出以来，倍受世界各国瞩目，取得了快速发展。它涉及微电子、材料、力学、化学、机械学等诸多学科领域，具有微型化、集成化、智能化及多学科交叉的特点，已广泛应用于汽车电子、航空航天、生物医药、信息通信、国防军工、消费电子产品等领域。其将对人们的生活产生深远影响，并会在未来的高科技竞争中起到举足轻重的作用。

本书是为本科生选修课程"微机电系统"而编写的，旨在让学生更加容易掌握和系统学习微机电系统的相关基础知识。本书在基本思路、概念、知识面覆盖、结构设计等方面都作了较为详尽的说明。每章都有复习思考题，利于学生回顾内容，加深理解。本书突出介绍了微机电系统结构设计，增加了适合于 MEMS 结构设计的柔顺机构，特别是平面折展机构（LEMs）的相关内容，给出了柔性铰链和机构的分析、设计方法以及实例。

全书共 8 章，第 1 章为绪论，概要介绍了微机电系统。第 2 章为微机电系统的材料，介绍了微机电系统所使用的材料及其选择问题。第 3 章为微机电系统的加工，介绍了微机电系统的加工方法与加工技术。第 4 章为微机电系统的组成，对微传感器、微执行器、微处理器、微动力源等组成部分进行了介绍。第 5 章为 MEMS 中的摩擦学，介绍了微机电系统的摩擦分析方法和摩擦学设计。第 6 章为微机电系统的设计，对设计中的问题进行了介绍。第 7 章为 LEMs 柔顺机构的设计，介绍了平面折展机构及其分析、设计方法。第 8 章为微机电系统的测试。

本书由邱丽芳、谢仲添担任主编，乔小溪、李艳琳、胡锋（华北水利水电大学）担任副主编。俞必强、李晓武、邹静、王晶琳和楚红岩参与了本书的编写。

　　北京航空航天大学于靖军教授、北京科技大学韩建友教授对书稿进行了全面细致的审阅，提出了诸多宝贵有益的修改意见，在此表示衷心的感谢！

　　感谢北京科技大学翁海珊教授对本书的编写所给予的帮助。

　　感谢北京科技大学教务处对本书的出版所给予的支持和帮助。

　　在编写本书过程中，参考了有关文献，在此向文献作者表示感谢！

　　由于编者水平所限，书中不足之处，敬请读者批评指正。

编　者

2020 年 7 月

目　　录

1 绪　论

本章对微机电系统作了概述，主要介绍微机电系统的定义、特点和研究的意义；微机电系统的发展概况，主要研究领域和应用前景。简单介绍了 MEMS 与 NEMS 及其微米尺度及基本效应。

1.1　微机电系统概述

1.1.1　微机电系统的定义

微型机械在美国称为微机电系统 MEMS（micro electro mechanical systems）；在日本称为微机械（micro machine）；在欧洲称为微系统（micro system）。

按外型尺寸特征分，1～10mm 的称为微小型机械；1μm～1mm 的称为微型机械；1nm～1μm 的称为纳米机械。

按构成来说，微机电系统是一个集成系统，由具有感知外界信息功能微传感器、具有控制对象功能微执行器（微致动器）、具有信号处理和控制功能微处理器（微控制器）以及微动力源（微能源）等微电子系统和微机械装置集成。

1.1.2　微机电系统的特点

微机电系统具有以下基本特点：

（1）体积小，重量轻，惯性小。其体积可小至亚微米级以下，尺寸精度可达纳米级，需要的活动空间小。

（2）性能稳定，可靠性高。因为体积小，有些产品几乎不受变形、振动、噪声等因素的影响，具有较高的抗干扰性，可在较差的环境下稳定工作。例如，因为系统的谐振与质量成反比，质量小的微机电系统的谐振频率比大系统的高得多，抗振动干扰能力增强。而有些场合、有些产品对外界环境的变化，如温度、湿度、灰尘等因素非常敏感。

（3）能耗低，灵敏度高，工作效率高。其消耗的能量仅仅是传统机械的十几至几十分之一，而运行速度却能达到十至几百倍以上。例如，5mm×5mm×0.7mm 的微型泵的流速是体积大得多的小型泵的 1000 倍。同时，微机电系统谐振频率高，响应时间短，更适合于高速工作。

（4）多功能化、智能化。由于微机电系统，包括微传感元件、微执行器、微处理器等都可集成到一个亚毫米级的芯片上，微机电系统的微型化、集成化等特点使微型机械很容易实现功能的多样化，尤其是使用了智能材料后，智能化程度大大提高。微机电系统甚至有许多特殊功能。

（5）产品上的高功能密度、适合于低成本的大批量生产，生产成本低。

（6）能量及信息交换的方式。由于输出功率小、需要的能量小、使用引线困难等原因，提供能源、与外界进行往往采用非直接接触的方式，通过电、磁、光、声等信号与外界联系。

（7）控制方式。由于工作环境特殊，在人不能去的危险场地、人或人手达不到的地方工作，控制方式往往不可能由人直接操作，只能采取遥控的方式。

这些特性给微机电系统带来很多新问题，MEMS 技术在学科上的交叉综合，涉及力学、材料、电学、光学、热学、机械、生物、物理、化学等学科；技术上的微型化、集成化、智能化；应用上的高度广泛，其领域包括信息、生物、医疗、电子、机械、环保、航空、航天和军事等等。

1.1.3　微机电系统研究的意义

微机电系统技术是一项战略高科技，在 21 世纪最为瞩目的两个高科技领域——信息技术和生物技术中起着不可估量的作用，在军事领域中也起着巨大作用，同时，改变了人类的生产和生活方式，是关系国民经济建设和国家安全保障的战略高科技。

微机电系统的设计与制造和传统的宏观机械系统有极大的差别。本书将介绍微机电系统的基本知识；材料、加工制造、设计和测试技术；微机电系统的组成，包括微传感器、微执行器、微处理器、微能源以及微机电系统的发展和应用；并介绍适用于微机电系统结构的柔顺机构设计。

1.2　微机电系统的发展概况

MEMS 技术自 1987 年美国 UC Berkeley 大学发明了基于表面牺牲层技术的微马达后开始受到世界各国的广泛重视，该微马达是电路与执行部件的集成制作，标志着 MEMS 技术的开端。MEMS 主要技术途径有三种：一是以美国为代表的以集成电路加工技术为基础的硅基微加工技术；二是以德国为代表发展起来的 LIGA 技术；三是以日本为代表发展的精密加工技术。1993 年，美国 ADI 公司成功地将微型加速度计商品化，并大批量应用于汽车防撞气囊，标志着 MEMS 技术商品化的开端。

经过几十年的发展，国外的 MEMS 研究已经取得了长足发展，并且应用领域十分广泛。如图 1-1 所示微型无人机，由美国 Aero Vironment 公司研制，长 15cm，重 42g，遥控距离 1000m，可飞行 10min；图 1-2 所示为美国 M-Dot 公司研制的鸡蛋大小的微型无人机用的燃气轮机；图 1-3 所示为美国 Aero Vironment 公司研制的微型无人机的结构；图 1-4 所示为美国科学家制造的微型飞行机器，似水母游动。

我国 MEMS 的研究始于 20 世纪 90 年代初，起步并不晚，研制了多种微型传感器、微型执行器和微系统样机。其中，微型加速度计、微马达、微型泵、硅微加工工艺进展显著。

在制造能力方面，有不少单位具有程度不等的 MEMS 加工能力，如已掌握键合前兆声清洗、光刻工艺、蚀刻工艺、薄膜沉积工艺、管壳密封工艺、键合工艺等，加工设备如图 1-5 所示。

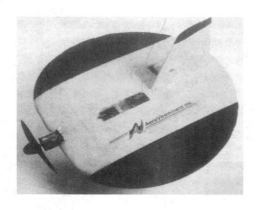

图 1-1　微型无人机

图 1-2　微型无人机用燃气轮机

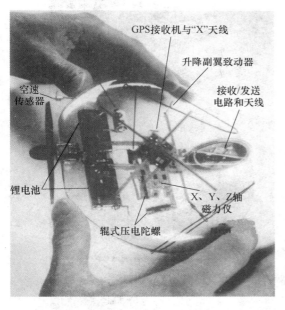

图 1-3　微型无人机的结构

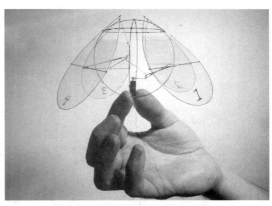

图 1-4　微型飞行器

国际上，MEMS 技术目前正进入一个技术全面发展、产业快速起步的阶段。对我国而言，必须利用 MEMS 在国际上仍处于快速发展阶段的有利时机，在某些关键领域取得突破，使我国在这一新兴的高技术领域占有一席之地，并带动相关技术和产业的发展，进一步提高我国的综合实力和国际地位。

我国 MEMS 主要研究和发展领域为：

（1）MEMS 制造技术，MEMS 与纳米材料和制造的交叉技术；

（2）传感 MEMS 器件、生物 MEMS 器件、信息 MEMS 器件；

（3）MEMS 卫星、微型飞行器和微型机器人等微机电系统。

图 1-5　微机电加工设备

1. 2. 1　MEMS 制造技术

　　MEMS 制造技术包括 MEMS 设计、材料、工艺、封装、测试以及微机理研究。其技术体系主要涵盖：MEMS 设计技术、硅基加工技术、LIGA 和准 LIGA 技术、封装技术、测试技术、MEMS 材料和基础理论研究等。

应用前景：MEMS 制造技术的市场情况是与 MEMS 器件市场紧密相连的。中国有巨大的 MEMS 产品潜在市场，MEMS 器件将在信息产业、生物与生命科学、汽车工业、环保仪器、消费类产品和国防军事工业等行业中形成很大的市场，也为 MEMS 加工技术提供了迫切的市场需求。

1.2.2 传感 MEMS 器件

传感 MEMS 技术是现代传感器技术的重要发展方向。由于 MEMS 传感器体积小，重量轻，功耗低，可靠性高，成本低，易于批量化生产、易于集成化和多功能化，是各种自动化装置发展和现代武器装备必不可少的关键技术，其应用领域十分广泛，因而受到世界各发达国家的高度重视。

应用前景：MEMS 传感器技术是开发相对较快的一类 MEMS 技术，目前市场销售的 MEMS 产品中，传感 MEMS 产品占较大的比例，主要是通信市场、自动控制、测量等 IT 产品市场和生物医疗领域市场所需要的产品，被认为是 21 世纪新的经济增长点。市场份额较大的主要包括微型压力、微型加速度、微陀螺和流量传感器等。

（1）汽车上主要应用的微传感器有两种：加速度传感器（accelero meter）和压力传感器（pressure meter），如图 1-6 所示。

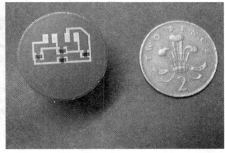

图 1-6　微传感器

（2）医用传感器，MEMS 微传感器已成为新一代人体信息检测装置的核心器件，如微型脉搏传感器、注射针式微型压力传感器等，以及危重病人监护传感器，其中 MEMS 微型医用压力传感器需求量很大。如图 1-7 所示为微内窥镜示意图。

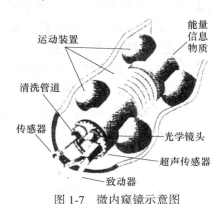

图 1-7　微内窥镜示意图

MEMS 芯片通过有机结合微细加工工艺与微型生物化学芯片，可将样品预处理器、微反应器、微分离管道、微检测器等微型生物化学功能器件、电子器件和微流量器件集成于一平方厘米的硅片或玻璃等材料上形成微型生物化学分析系统。MEMS 芯片可以直接、靶向、小剂量地局部完成药物释放。图 1-8 是一种微生物化学芯片，其已成为现代医疗针对人体内部的新型体检方式。图 1-9 中是植入小狗体内的微储药库系统。

图 1-8　微型生物化学芯片

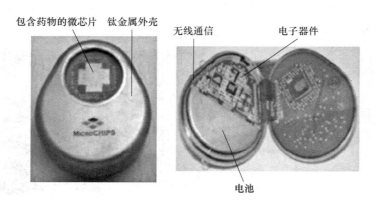

图 1-9　微储药库系统

1.2.3　生物 MEMS 器件

生物 MEMS 是一种典型的 MEMS 器件及系统，具有体积小、成本低、可标准化和批量化生产等特点。在功能上它具有获取信息量大、分析效率高、样品用量少、操作简便、可实现生物和化学信息的实时自动化检测等特点。因此，在生物医学、化工、制药、农业、环境监测、国家安全等许多研究和应用领域有重要的应用。

应用前景：生物 MEMS 可实现分子信息（特别是生物分子信息）的低样本、快速、高通量、动态和低成本检测与分析，国际上生物 MEMS 的研究已成为热点，竞争十分激烈。我国生物 MEMS 的市场将是十分巨大的。

1.2.4　信息 MEMS 器件

现代信息技术有可能在一个芯片或微型系统上将信息获取、信息传输、处理和执行等功能集成起来，实现现代信息领域的微小型化和技术性能的提高。研究热点是全光通信和移动通信中的 MEMS 技术，如 MEMS 光开关和 RF MEMS 开关等。

　　MEMS 光开关是一种重要的无源光学器件，它可在光网络系统中对光信号进行选择性开关操作，是利用移动光纤或利用微镜反射原理进行光交换的，如图 1-10 所示。其驱动方式有电磁驱动、形状记忆合金驱动、热驱动及静电驱动等，有极大的设计灵活性，如图1-11、图 1-12 所示。

图 1-10　MEMS 光开关

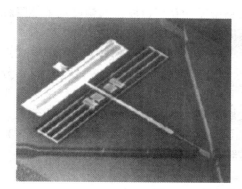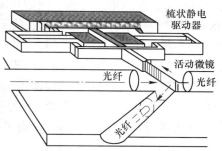

图 1-11　静电梳状驱动器的光开关

图 1-12　Wave star 光开关阵列

RF MEMS 是将 RF（射频）技术和 MEMS 相结合的一门新技术，不仅可以以器件的方式应用于电路，例如 MEMS 谐振器、MEMS 电容、MEMS 开关，还可以在同一芯片上集成单个器件从而形成组件和应用系统，例如压控振荡器、滤波器、相控阵雷达天线、移相器等。其优点是：体积小，功耗低，性能好。如图 1-13 所示为电容式开关结构图。

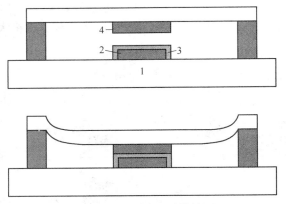

图 1-13　电容式开关结构图

1—基底；2—信号传输线；3—绝缘介质层；4—金属电极

应用前景：信息 MEMS 在信息技术中的应用将促进许多产品的集成化、微型化、智能化，成倍地提高器件和系统的功能密度、信息密度和互连密度，大幅度地节能降耗，具有广阔的应用前景，对通信、交通、国防和家庭将带来革命性的影响。

MEMS 磁力仪具有体积小、能耗低、便于集成、无需低温制冷、结构简单等优点。如图 1-14 所示为一种基于 MEMS 技术的光泵原子磁力仪气室；图 1-15（a）和（b）分别为 MEMS 光泵磁力仪的结构图和实物图，图中，1 为垂直腔面发射激光器，2 为聚酰亚胺垫片，3 为光学组件封装体（从底部到顶部依次是中性密度滤光片、偏振片、四分之一波片和中性密度滤光片），4 为 ITO 加热器，5 为铷原子气室，6 为 ITO 加热器和贴片式光电二极管；图 1-16 所示为磁体结构 MEMS 微扬声器的切面图。

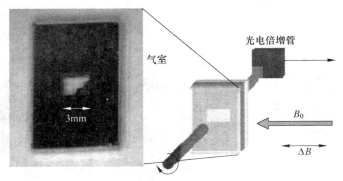

图 1-14　光加热原子磁力仪气室

1.2.5　综合 MEMS 系统

1.2.5.1　MEMS 卫星

MEMS 卫星是微系统发展的最高层次。开展适合于空间环境工作的长寿命卫星及航天

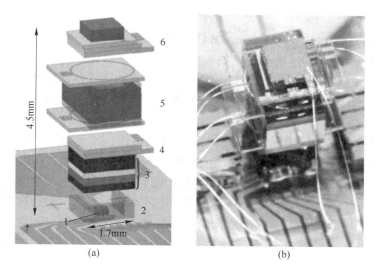

图 1-15　MEMS 光泵磁力仪

（a）结构图；（b）实物图

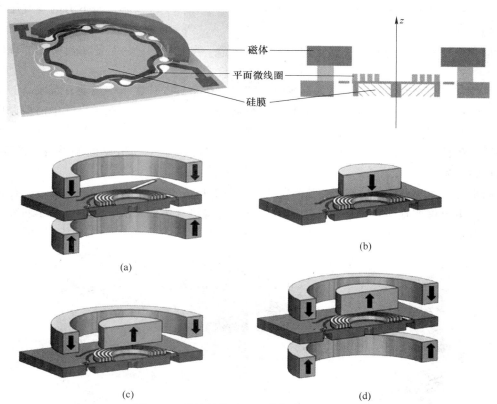

图 1-16　磁体结构 MEMS 微扬声器的切面图

器主要功能部件微型化、智能化、模块化、软件化的 MEMS 器件的研究，在此基础上，研制出新概念的 MEMS 卫星，实现航天器微小型化。MEMS 卫星技术研究是国际卫星技术研究的热点之一，属高新技术探索。

1.2.5.2 微型飞行器

微型飞行器（micro aerial vehicle，MAV）是指利用 MEMS 技术，有足够小的尺寸（如小于 30cm）、足够大的巡航范围（如大于 5km）和足够长的飞行时间（大于 15min），能够自主飞行，并能以可接受的成本执行某一特定任务的飞行器。微型飞行器具有价格低廉、便于携带、操作简单、安全性好等优点。微型飞行器在民用和国防两方面有广泛的应用前景。

例如，图 1-4 所示为美国科学家制造的微型飞行机器，其飞行原理基于水母，外部的瓣状"翅膀"运动状态类似水母"喷"流前进。据国外媒体报道，几个世纪以来，人类一直在寻找能飞翔的技术，比如模仿鸟类和昆虫飞行等，科学家在仿生学的基础上研制出多种不可思议的飞行器，但最近科学家根据海洋中的水母研制出一种特殊的飞行器，那就是微型飞行机器人。来自纽约大学的研究小组对水母进行了大量观察和研究，发现它们像一把伞一样划水前进，如果将该技术用于飞行器的研制，可以开发出类似的空气动力组件，通过类似的运动实现飞行。

纽约大学的研究人员 Leif Ristroph 是这款微型飞行机器人课题的主要负责人，他根据水母在水中前进的特点研制出具有四个"翅膀"的飞行器，其运动机制如同水母游动，只不过水母划动的是水，微型飞行机器人划动的是空气，飞行器将自身下方的空气压缩然后"喷"出，这样就可以让飞行器在空中运动了。从外观上看，微型飞行机器人像一把伞，符合空气动力学的原理，显然这是有史以来第一次制造的一种基于水母游动原理的飞行器。

科学家认为水和空气一样都具有流体的特点，在空气中和在水中运动有着较高的相似度，因此水中生物的游动也可以用来制造飞行器，真正困难的地方在于空气中需要保持飞行器的平衡，根据鸟类飞行原理研制的仿生飞行器被称为扑翼机，伯克利分校的研究人员制造了一种称为 H2bird 的扑翼机，可以感知方向和自己的位置，并随时调整自己的动作，实现在空中停留等。

斯坦福大学 2002 年研制的四浆直升机，如图 1-17 所示，大小在 1.5cm 左右，在自供能源支持下可停留在空气中。其可实时对大气进行检测并进而开展相关的气象学研究，如果对一群这样的直升机进行编组，还可有效地在防空领域中发挥重要的作用。

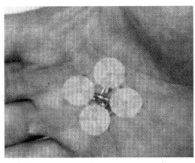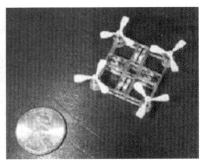

图 1-17　四浆直升机

在东京"2003 国际机器人展"上，日本精工爱普生公司展示一个微型飞行机器人，如图 1-18 所示。微型飞行机器人体重只有 8.9g，室内飞行高度为 1m。它由两个螺旋桨带动，可自行控制飞行姿势，前后左右移动自如。螺旋桨直径约为 13cm，两个螺旋桨分别朝相反的方向转动，可产生约 0.13N 的升力。该公司声称，这种微型飞行机器人能在空间狭窄的救灾现场一显身手。

图 1-18 微型飞行机器人

昆虫式仿生微型飞行器（MAV），蜻蜓式扑翼式无人机（Aero Vironment 公司研制）翼展为 15cm，质量为 10g，具有像蜻蜓一样的由微致动器驱动的翅膀，扑翼频率为 20Hz，如图 1-19 所示。

图 1-19 蜻蜓式扑翼式无人机

1.2.5.3 微型机器人

微型机器人系统大多是在特殊环境，包括在狭窄空间中进行检测或作业的机器人系统，依靠这种微型机器人系统，可以自动完成许多人难以进入的空间的作业。微型机器人有着广泛的应用前景，目前的微型机器人研究主要有三种应用领域：工业应用微型机器人；医疗应用微型机器人，如图 1-20 所示为 MEMS 显示超声跟踪；空间和军用微型机器人。

1.2.5.4 MEMS 测量系统

图 1-21 所示为基于红外光反射干涉的微机电系统结构三维轮廓测量方法。其将反射干涉技术在三维轮廓重建中的应用从白光扩展到红外光。该测量系统包括红外光源、干涉显微镜、红外光电荷耦合器件、陶瓷压电和数据采集系统，利用垂直扫描干涉法获得了 MEMS 器件结构的三维形貌，与扫描电子显微镜图像一致。结果表明，横向分辨率为 0.18μm，垂直分辨率为 1nm。

1.2.5.5 MEMS 打印系统

图 1-22 显示了一个基本的打印头，该打印头由位于喷嘴上方的油墨通道上方或侧面上的压电膜片组成。动态偏转的脉冲电压激活压电膜片可以产生压力波，将墨水从喷嘴喷出、挤压，由于液体的表面张力而分解成液滴的液体射流。连续印刷模式的油

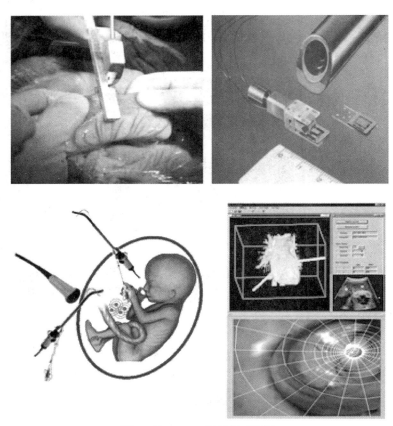

图 1-20 MEMS 显示超声跟踪

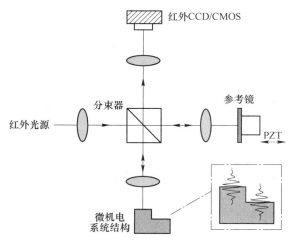

图 1-21 基于红外光反射干涉的微机电系统

墨印刷速度更快，0.5pL 液滴产生 80~100kHz。偏转板可电控制以将液滴对准基板。多余的液滴从沟槽中循环。需求模式打印系统具有较小墨滴（2~500pL）的较慢的喷射速率（高达 30kHz），而连续系统没有再循环系统。因此，需求模式打印系统设计简单，浪费墨水少。

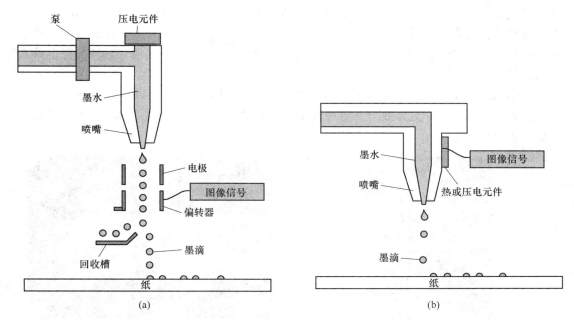

图 1-22 基于红外光反射干涉的微机电系统

（a）连续喷墨系统；（b）按需喷墨系统

1.3 MEMS 与 NEMS

纳米科学和技术（nano-science and technology）作为 21 世纪的新科技发展重点，目的是在纳米尺度（0.1～100nm）上研究自然界中原子、分子行为和相互作用规律。目前，从整体上来说纳米技术属前瞻性科学领域，很多分支学科还处于基础研究阶段。而对于 MEMS 来说，正在从科学前沿走向高技术开发并形成实用化产业。MEMS 与纳米材料交叉技术研究的目的在于将已发掘的纳米材料和制造技术的优异特性用于 MEMS 创新性器件开发，提高 MEMS 器件的性能，实现 MEMS 技术的跨越式发展；另一方面，MEMS 器件可作为纳米功能材料的载体，或者为纳米技术提供操作工具与仪器，推动纳米技术的实际应用与快速发展。

应用前景：1959 年，美国物理学家，诺贝尔奖获得者 R. FEYNMAN 曾设想："倘若有一天，可按人的意愿排列一个个原子，那将产生什么样的奇迹？"美国政府的看法是：集成电路的发现创造了"硅时代"和"信息时代"。而纳米技术在总体上对社会的冲击将远比硅集成电路大得多，因为它不仅在电子学方面，还可以用到其他很多方面。有效的产品性能改进和制造业方面的进展，将在 21 世纪带领许多产业革命。1981 年，德国科学家 G. BINNING 和 H. ROHRER 发明了扫描隧道显微镜（英文名称是 scanning tunneling microscope，简称为 STM）（获 1986 年 Nobel 物理奖），可直观地观察到单个原子并且进一步可操纵单个原子。这使 R. FEYNMAN 的设想得以实现，开辟了纳米科学和技术研究的新纪元。STM 具有惊人的分辨本领，水平分辨率小于 0.1nm，垂直分辨率小于 0.001nm。一般来讲，物体在固态下原子之间的距离在零点一到零点几个纳米之间。在扫描隧道显微镜下，导电物质表面结构的原子、分子状态清晰可见。图 1-23 所示为硅表面重构的原子照片，硅原子在高温重构时组成了美丽的图案。1990 年，IBM 公司的科学家展示了一项令世人瞠目结舌的成果，他们在金属镍表面用 35 个惰性气体氙原子组成"IBM"三个英文字母，如图 1-24 所示。

科学家在试验中发现 STM 的探针不仅能得到原子图像，而且可以将原子在一个位置吸住，再搬运到另一个地方放下。这可真是个了不起的发现，因为这意味着人类从此可以对原子进行操纵！

图 1-23　硅 111 面原子重构象

图 1-24　惰性气体氙原子组成"IBM"

由英国、美国和韩国研究人员组成的一个国际研究小组经过潜心研究，找到了一种制备纳米微片的新方法，利用超声波脉冲，在几个小时之内，可快速、高效地将石墨等特殊材料制成数十亿个只有一个原子厚的石墨烯样纳米微片，如图 1-25 所示。该方法成本低廉、高效，用这种方法制成的纳米微片，可喷涂到硅等其他材料表面，制成一种混合薄膜，这种薄膜将材料特性与传统技术有效结合，可应用于新型计算机元件、传感器或电池等的制造，并可进行规模化工业生产，有可能导致一场新电子和储能技术革命。

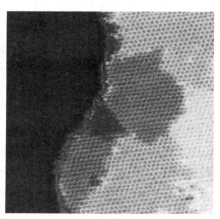

图 1-25　电子显微镜下的纳米微片

美国加利福尼亚南部大学工程学研究人员采用交叉学科研究方法，将电路设计与纳米技术结合在一起，利用纳米技术构建了一个碳纳米管神经键电路，试验中，该电路呈现出大脑基本构成单位神经元的机能。

领导这个研究小组的艾丽斯·帕克教授从 2006 年开始研究开发人造大脑的可能性。

她说："我们想要解答这样一个问题：能否构建一个电路，使其发挥神经元的作用？下一步就更为复杂。我们如何用这些电路构建一些结构来模仿拥有 1000 亿个神经元、每个神经元上有 1 万个神经键的大脑的机能？"

帕克强调，真正开发出人造大脑甚至只是大脑的某个功能区域还需要几十年时间。她说，研究小组面临的下一道障碍是在电路中复制出大脑的可塑性。

在人的一生中，人脑不断制造新的神经元，建立新的联系并调整适应。利用类似电路复制这一过程将是一项浩大的工程。她认为，为了解人类智力发展进程而进行的持续研究可能对许多事情具有长远影响，从开发治疗脑外伤的纳米修复术到开发能够以全新方式保护司机的智能安全汽车。

1.4 微米尺度及基本效应

微机电系统（MEMS）、纳机电系统（NEMS）与宏观领域中传统机电系统有很大的不同，具体表现在：材料的选择发生了变化，材料的物理特性有很大的不同；系统的组成和组成方式也发生了很大的变化；微纳米机电系统的加工制造方法也发生了根本的变化；尺寸微小化，产生了尺度效应等多种效应；力学特性和机械特性发生了很大的变化。

由于目前对微观条件下的机械系统的运动规律、微小构件的物理特性和受载之下的力学行为等尚缺乏充分的认识，还没有形成基于一定理论基础之上的微系统的设计理论与方法，因此只是凭经验和试探的方法进行设计和研究。随着尺度的微小化，微机电系统的设计与制造面临一个前所未有的难题——尺度效应。本节简单介绍微纳米的尺度效应及其他基本效应。

1.4.1 尺度效应

微结构的几何尺寸缩小到一定的范围将出现尺度效应，即材料的性能、物理特性和结构的力学行为发生很大的变化。尺度效应的影响产生在诸多方面：

（1）微结构的尺寸减小使材料内部缺陷减少，因而材料的机械强度明显增加。

（2）微结构的弹性模量、抗拉强度、断裂韧性、疲劳强度及残余应力等均与传统机械不同。表征材料性能的某些物理量需要重新定义。

（3）微结构的受力情况也有很大的影响。凡是与微结构的尺寸高次方成正比的力，如重力、惯性力、电磁力等体积力的作用明显减弱，而与微构件的尺寸低次方成正比的力，如摩擦力、黏性力、表面张力、静电力等表面力的作用显著增加。

（4）由于表面积与体积之比相对增加，热传导和化学反应速度也相应增加。

对于非金属材料，尤其是非金属工程材料，例如混凝土和陶瓷，尺度效应在宏观层次表现得就比较明显。而对于金属材料，即使结构完好而且成分纯正的金属材料，在微米层次也表现出尺度效应。

【例 1-1】 对金属钨和铜所测定的硬度曲线表明，当压头尺度小到微米级或微米量级以下时硬度值随着压头尺度的减少急剧上升。

【例 1-2】 对圆柱型铜试样作扭转实验表明，当试样直径为几十微米或更小时，测出的扭转剪应力、剪应变曲线也明显上升。

【**例 1-3**】 对镍试样作弯曲实验表明，当试样厚度减小到 25μm 或更小时，测出的弯曲应力、应变曲线同样明显上升。

微结构的受力与变形特征和传统构件的情况大不相同。对于材料的这种内在的物理特性机理，在近年来发展起来的弹性、塑性应变梯度理论针对此作出了解释，并对微结构之间的诸多的破坏机制，例如薄膜脱胶与撕裂现象作出了有效预测及某种程度上的合理解释。

1.4.2 表面效应

1.4.2.1 特征尺度

长度尺度是表征作用力类型的基本特征量，称特征尺度。

表面力是以特征尺度的一次幂或二次幂标度（摩擦力、表面力、静电力）。体积力（重力、惯性力、电磁力）以特征尺度的三次幂标度。

微型结构的几何特征尺度大约是微米量级，其表面积与体积之比相对一般机械要大得多，表面力与体积力之比也随着尺度的减少越来越大，成为主导作用的力，表面效应的作用也越来越重要。

1.4.2.2 表面力

传统理论中常常被忽略的表面力在小于毫米级的尺度范围内将起主导作用。表面力包括摩擦力、静电力（或称为库仑力）、范德瓦耳斯力、空间位形力等。

某些微观原子、分子层次的作用力，如静电力和范德瓦耳斯力等，虽然属于短程力，却能产生微米层次的长程效应，它们所引起的表面效应在微结构尺度中起重要作用。

1.4.2.3 摩擦力

摩擦力、润滑黏滞力对微型机械性能的影响很重要。传统的摩擦定律认为摩擦力的大小仅与正压力成正比，但在微型机械中，摩擦力主要与接触面的大小和形态有关。例如，减少作用在微静电电机的摩擦力，主要是减少接触面和改进接触面形态。

图 1-26 所示为清华大学研制的硅微静电电机。微电机由两层多晶硅组成转子、定子和轴承，在外围的定子和中间的转子间加交变电压，静电力拉动转子转动，转子直径只有头发丝粗细。

图 1-26　硅微静电电机

当欲减少作用在微马达上的摩擦力时，应当在转子底部设置凸点。因为此时摩擦力主要是表面力，减少转子与衬底之间的接触面，就降低了摩擦力，使转子更容易启动，如图1-27所示。

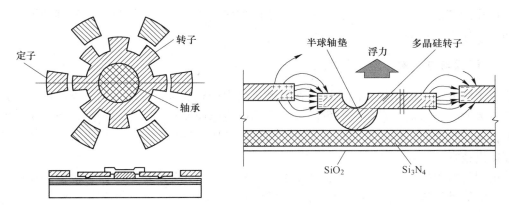

图 1-27　静电电机结构

微型机械对摩擦特性的要求表现在两方面：一方面，由于微型机械携带的动力能源很小，作为运动阻力的摩擦力应尽可能地降低，以减少摩擦耗损；另一方面，微型机械可能利用摩擦力作为驱动力，此时则要求摩擦力具有稳定的数值，而且可适时控制和调整。

微润滑：以多种类型的有序分子膜实现无连续供油条件下，纳米间隙摩擦副的润滑。

纳米间隙的润滑膜只有几个到十几个分子层厚度，基于连续介质力学的传统流体润滑理论不再适用。

1.4.2.4　静电力

静电力（或称为库仑力）是存在于带电分子或粒子间的作用力，大小与分子或粒子之间距离的平方成反比。在微观现象中，间距小于 $0.1\mu m$ 时最为重要，在间距为 $10\mu m$ 时仍有显著影响。与范德瓦耳斯力相比是比较长程的作用力。

1.4.2.5　范德瓦耳斯力

范德瓦耳斯力在许多宏观现象中起重要作用。例如，附着力、表面张力、物理吸附、表面浸润、薄膜特性及凝聚蛋白和聚合物的行为等。

范德瓦耳斯力在微观现象中，当表面积与体面积之比很大时，就有显著影响。

范德瓦耳斯力可分为：取向力、感应力和弥散力，大小均与分子间距离的 6 次方成反比，本质上是短程力，是所有作用力中最弱的，但因处处存在而不失其重要性。

其在两接触面之间很难与静电力相区别。

粘附（adhesion）现象分析：粘附现象的产生是微观世界的特殊现象，与尺寸效应和表面效应有一定关系。真正机理及影响因素正在不断地深入研究。

表面张力、残余应力、静电力、范德瓦耳斯力、氢键作用力以及表面形貌和表面能都对粘附有着一定的影响。

例如，长而薄的多晶硅梁和大而薄的梳状驱动结构中，结构与衬底之间的静摩擦或附着力常常被认为是结构操作运行中的主要因素。

1.4.2.6　空间位形力

空间位形力是一种链状分子（如聚合物）及其空间位置或形状有关的作用力，既可以是吸引力，也可以是排斥力，能达到相当长程（大于 0.1μm）的作用。

在靠近其他分子或表面时，产生十分不同的作用力，尤其在含有大量长链分子的液体流动中，作用力更为明显。

1.4.3　能源与电、磁、热、光效应

由于微型化及应用场合的原因，在微型机械中用导线进行电能传输的能源提供方式发生了较大改变，目前正在研究开发的有：利用电磁感应原理或微波原理进行非接触式电能传输；利用热辐射、热传导原理进行热能传输；利用半导体的光电效应进行光能传输等的能源提供技术。

正因为能源提供方式的改变，产生的电、磁、热、光效应影响了微型机械的设计。甚至于有的运动行程（或时间）是靠能源提供的时间来控制，这种情况下，运动精度的设计就与能源控制准确程度有很大关系。

复习思考题

1-1 写出 MEMS 和 NEMS 的全称，并简单说明各自的含义、尺度范围。

1-2 简要说明微机电系统的特点。

1-3 简要说明微机电系统的微米尺度及基本效应。

1-4 查阅文献，简述微机电系统的国内外研究概况。

2 微机电系统的材料

本章主要介绍微机电系统所使用的材料及如何选择微机电系统材料。首先介绍了按性质来分，微机械的材料可分为结构材料、功能材料和智能材料，结构材料主要介绍了硅和陶瓷；功能材料主要介绍了电致伸缩材料和压电陶瓷，（超）磁致伸缩材料、电流变体、磁流变体和形状记忆材料；智能材料既有结构材料又有功能材料的作用，主要介绍了几种金属系、无机非金属系和高分子系智能材料。然后简单介绍了微机电系统材料的选择。最后介绍了两种新型材料。

2.1 概　述

微型机械所使用的材料一方面起着传统的几何成型的作用，另一方面材料的特性对微型机械的性能又起着决定性的作用。因此，选择的材料既要满足微加工方法所需要的条件，又要满足微机械特性的要求和微型结构的功能要求。

微型机械所使用的材料按性质分可分为结构材料、功能材料和智能材料。

用于构造微结构基体，并具有一定机械强度的材料称为结构材料，如硅晶体；具有特定功能的材料，称为功能材料，如压电材料、光敏材料等；智能材料（也称机敏材料）是智能化设计过程中，按某一特定用途的要求选用的具有一定功能的材料，它模糊了结构与功能的明显界限，趋于结构功能化和功能多样化。形状记忆合金、电致伸缩材料、超磁致伸缩材料、导电聚合物、电流变/磁流变材料及储氢材料等材料，有的资料中把它们归结为智能材料，有的认为是功能材料。

结构材料和功能材料既可以是单一材料，也可以是几种材料组合而成，而智能材料一般是材料的组合体。

2.2 结 构 材 料

2.2.1 硅

由于微型机械的制造技术起源于微电子集成制造，以及集成电路和半导体器件的制造，主要的材料是硅、锗、砷化钾，其中硅最常用，所以 MEMS 材料中，硅最受重视。

硅有优良的力学性能，又有优良的电性能，易于实现机电器件的集成化。同时硅的微细加工技术比较成熟，可加工尺寸从亚微米到毫微米级的微结构，并可达到极高的加工精度，容易生成绝缘薄膜。大部分微传感器都利用硅，因为硅具有优异的传感特性和信号变换效应。

硅材料分为单晶硅、多晶硅和非晶硅。

2.2.1.1 单晶硅

呈浅灰色，略具金属性质，属于硬脆材料，也具有一定的弹性，热传导率也较大，具有优良的机械、物理性质，质量小，密度为不锈钢的 1/3，而弯曲强度却为不锈钢的 3.5 倍，具有高强度密度比和高刚度密度比。滞后和蠕变几乎为零，机械稳定性好，机械品质因数可高达 10 数量级。

高质量的硅单晶具有较高的固有强度，但制成机械构件后的实际强度却取决于硅片的取向、几何尺寸、缺陷的多少和大小，取决于加工方法及随后处理中积累的应力情况。

2.2.1.2 多晶硅

单晶是指整个晶体内原子都是规则排列，而多晶是指晶体内各个局部区域里的原子是规则排列，但不同区域里的原子排列的方向是不同的。多晶体可看作是由许多取向不同的单晶体组成。

多晶硅薄膜具有与单晶硅相近的敏感特性和机械特性，加工工艺上与单晶硅工艺相容，也可进行精细加工。在微机械加工中常常作为中间层材料，也可根据需要充当绝缘体、导体或半导体。

2.2.2 陶瓷

微型机械中使用的陶瓷材料与一般的陶瓷材料不同，是以化学合成的物质为原料，根据需要控制组成比，经过精密成型烧结，制成适合微型机械的精密陶瓷材料。陶瓷材料主要作为基板材料，也常作为功能材料，通常称为功能陶瓷材料。它具有耐热性、耐腐蚀性、多孔性、光电性、介电性和压电性等多种性能。

陶瓷材料主要作为基板材料、微传感器材料和微执行器材料。

（1）基板材料：氧化铝陶瓷主要用作基板，利用了它的化学惰性、机械稳定性、表面质量、热传导性和热膨胀性方面的特性。在基板上采用厚膜技术、薄膜技术、键合技术和粘连技术来制造微型机械。

（2）微传感器和微执行器材料：主要是压电陶瓷，将在功能材料中介绍。

2.3 功 能 材 料

2.3.1 电致伸缩材料和压电陶瓷

在压力作用下材料发生极化，而在两端表面间出现电势差的现象称为正压电效应。相反，将其置于电场中，则会产生弹性变形，称为逆压电效应，即电致伸缩效应。电致伸缩材料中，压电陶瓷最受关注，可用于制作微传感器和微执行器。

压电原理的微阀和微泵如图 2-1 所示。

电致伸缩材料中，压电陶瓷最受关注，具有以下优点：

价廉，质轻；响应速度快（0.1m/s），频率特性好；微小位移控制的精度高（0.01μm）；单位面积产生的力大（29.4MPa）；能量转换效率高；具有优良的可集成性，

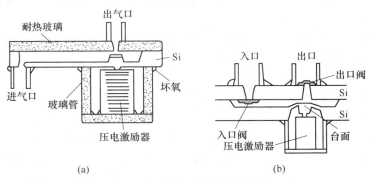

图 2-1 压电原理的微阀和微泵

易于与基体结合；对结构的动力学特性的影响很小；通过分布排列可实现大规模的结构驱动，有较强的驱动能力和控制能力。

因此，压电陶瓷可用于制作微传感器和微执行器。如图 2-2 所示为压电陶瓷驱动纳米定位工作台。

图 2-2 压电陶瓷驱动纳米定位工作台

常用压电陶瓷材料有：钛酸钡（BT）、锆钛酸铅（BZT）、偏铌酸铅（PN）、铌酸铅钡锂（PBLN）、改性钛酸铅（PT）、PZT 类材料（PbTiO 和 PbZrO 的固溶体）。使用薄膜状态的压电材料对于微传感器和微执行器更为关键。

2.3.2 （超）磁致伸缩材料（magnetostriktive metal）

在磁场作用下体积发生微小变化的现象称为磁致伸缩现象。

磁致伸缩金属同时兼有正逆磁机械耦合特性，当受到外加磁场作用时，会产生弹性变形；若对其施加作用力，则其形成的磁场将会发生相应的变化。在室温和低磁场下能获得很大的磁致伸缩现象的材料称为超磁致伸缩材料。

磁致伸缩效应根据尺寸变化形式不同可分为纵向效应、横向效应、握转效应和体积效应。效应受温度影响较大，温度升高，效应减弱。磁致伸缩效应的强度与磁场强度的偶次方成正比。

磁致伸缩材料有以下优点：

（1）产生的变形量大、应力大；

（2）随着材料的不同，有正磁致伸缩（沿外部磁场方向伸长）和负磁致伸缩（沿外部磁场方向收缩）；

（3）居里点高（380℃），而且是通过施加磁场来驱动，故可以在高温下使用；

（4）响应速度快；

（5）磁滞损耗小，而且可调；

（6）可以低压驱动；

（7）磁致伸缩量的温度特性可调。

磁致伸缩材料广泛地应用于微传感器和微执行器中。早期的磁致伸缩材料是合金 Ni、NiCo、FeCo、镍铁氧体，并含有铽、钐、镝等稀土元素。磁致伸缩式微执行器是利用磁致伸缩效应（某些铁磁材料置于磁场中，它的几何尺寸会发生变化的现象）制成的执行器。

例如，图 2-3 所示为一个磁致伸缩式位移驱动器的结构，位移量可达 $50\sim100\mu m$，控制精度为 $0.1\mu m$，外形直径为 $10\mu m\times100\mu m$。

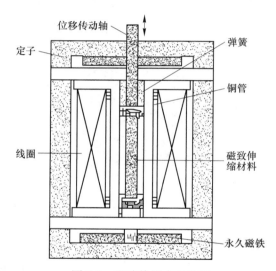

图 2-3　磁致伸缩式驱动器

2.3.3　电流变体（electro-rheological fluids，ERF）

电流变体可以看作是一种复合材料，是一种微粒在液体中的悬浮液。加电场后，其黏度等电流变特性会发生很大变化，电场撤掉后，电流变特性又恢复正常。

电流变体主要由连续介质（或称溶剂、载液）、介电微粒（或称溶质、介质）、稳定剂、添加剂组成。介电微粒：微米尺寸；连续介质：绝缘载液，两者互不相溶，微粒均匀弥散地悬浮于载液中形成悬浮液体。

电流变体工作原理：不施加电场时，介电微粒的正负电荷中心相重合，没有固有电偶极矩或电偶极矩为零的电流变体呈液态。在外电场的作用下，介电微粒被极化并沿电场方向形成连接两极的链状结构，无数条链又交织成网状结构，从而在垂直于电场的方向表现出较强的抗剪切强度，使其流变特性如黏性、弹性、塑性等发生很大变化，或者转变为固体凝胶（当外电场撤消后，又可迅速恢复成液体），或者其流体阻力发生难以预测的剧增。

电流变体属于很有发展前景的仿生智能材料，主要用于制造成各种力学元器件，如减震器（独立而迅速实现减震，约在1ms内实现从低黏度到高黏度的变化）、离合器（具有无级可调、容易控制、响应速度高等特点）；在微型机械中，用于制造没有机械运动的微执行器，例如微泵、微（液压）阀和微开关。

电流变式微执行器是利用电流变原理（即在电场的作用下电流变材料的黏度会发生变化甚至可在液态和固态之间以 0.1~1ms 的速度迅速转变，转变的过程是可逆的）制成的（柔性）执行器。

图 2-4 所示为微型电流变体泵的结构，在具有柔韧性的金属电极之间加入电流变液体，并作为一个单元封装在两端各带有一个单向阀的工作腔内。

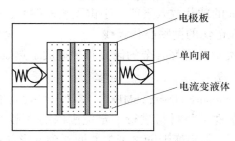

图 2-4 微型电流变体泵

利用电流变液体的体积膨胀效应，在电流变液体上施加电场后，微型电流变体泵把电流变液体从右侧的单向阀中泵出，去掉电场后，微型电流变体泵又从左侧的单向阀吸入电流变液体。通过控制施加的电场强度，可控制微型电流变体泵的吸入和泵出量和速度。泵的响应速度极快。

图 2-5 所示为电流变效应永磁铁嵌位器，中心小电机转动带动齿条，使左右电流变效应永磁铁齿轮交替移动到前端。同时控制圆盘上的电压，由于电流变效应使永磁铁齿轮产生磁场而吸附在金属移动平台上，起到嵌位器的作用。

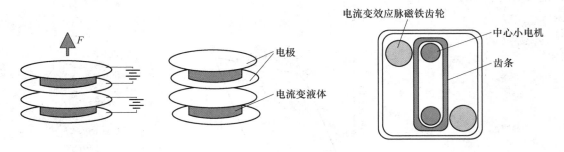

图 2-5 电流变效应永磁铁嵌位器

2.3.4 磁流变体（mageto-rheological fluids，MRF）

磁流变体在外加磁场的作用下，可从液态转变为固态，显著提高材料的强度。由于介电微粒在磁场下产生磁偶极矩，形成链结构显著提高材料的强度。磁场撤掉后，又从固态恢复为液态。

与电流变体相比，强度高，抗剪切强度可达纯铝的水平，但响应频率较低。

还有一种磁电流变体，是在铁磁体上包覆一层电流变体活性层，使其对磁场和电场都敏感。

2.3.5　形状记忆材料

20世纪30年代，在研究Au-Cd合金中观察到形状记忆现象，直至60年代在发现Ti-Ni合金具有形状记忆效应的基础上，研制了最初实用的形状记忆合金"Nitinol"。

最早的典型实用例子是1970年美国将Ti-Ni合金丝制作成宇宙飞船的天线。预先在高温下，将Ti-Ni合金丝经过形状记忆处理制成抛物凸状天线。宇宙飞船发射前，在室温下，将其折成直径小于5cm的球状放入飞船。宇宙飞船发射后，使其升温，高于77℃后，合金丝球打开，恢复成原先记忆的抛物凸状天线。

到了80~90年代，各类形状记忆合金的研究和制造成了热点。

2.3.5.1　形状记忆效应

形状记忆效应（shape memory effect，SME）。形状记忆效应是指材料能"记忆"住原始形状的功能。即在一定条件下将材料进行一定范围内的变形以后，再对材料施加如压力、温度等适当的外界条件，材料变形随之消失并回复到变形前形状的现象。形状记忆效应可通过光、热、磁、化学变化等触发，从而改变材料的应变、位置、形状和硬度技术参数。

形状记忆效应一般分为以下三种形式：

第一种单向形状记忆效应（又称为单程形状记忆效应），也是通常所指的形状记忆效应。它是指材料能记住高温时形状的现象。将已在高温下定型的形状记忆合金，放在低温或常温下加压，使其产生塑性变形，当环境温度升到临界温度（相变温度）时，合金的塑性变形消失，并可恢复到定型时的原始形状。在恢复过程中，合金能产生与温度呈现函数关系的位移和（或）力。合金的这种升温后变形消失，形状复原的现象称为单向形状记忆效应，如图2-6所示。

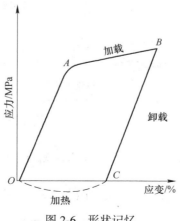

图 2-6　形状记忆

第二种：双向形状记忆效应（two way memory effect，TWME）。它是指材料既能记住高温时的形状，又能记住低温时的形状，当温度在高温和低温之间反复变化时，材料能自行在两种形状之间反复转化的现象。

第三种：全方位形状记忆效应（all-round shape memory effect，ARSME）。这是一种特异的现象，它不仅具有双向形状记忆效应，而且在温度反复变化的过程中，材料总是遵循相同的形状变化规律，即按记忆的形状变化的过程变化形状。

高温形状和低温形状是完全倒置（相反）的形状。如由四条互成45°夹角的薄带组成试件，在100℃开水中成为图2-7（a）所示的球形，从开水中慢慢提起，变成图2-7（b）所示形状，到室温时成为图2-7（c）所示近似直线形，浸入冰水，反向成图2-7（d）所示形状，降至-40℃，成为反球形，如图2-7（e）所示形状。

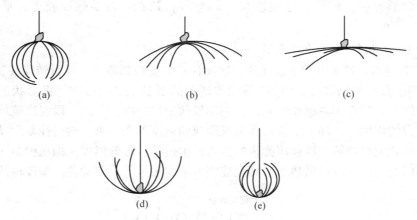

图 2-7　全方位形状记忆效应

（Ti-51%Ni（原子分数）合金400℃时效100h）

2.3.5.2　形状记忆材料

具有形状记忆效应功能的材料称为形状记忆材料。形状记忆材料可分为形状记忆合金、形状记忆高分子聚合物和形状记忆陶瓷等。

（1）形状记忆合金（shape memory alloy，SMA）是利用应力和温度诱发相变的机理来实现形状记忆功能，是集"感知"与"驱动"于一体的功能材料。若将其复合于其他材料中，可构成智能材料。

形状记忆合金的种类很多，按照组成成分不同，形状记忆合金可以分为镍钛形状记忆合金、铜基形状记忆合金和铁基形状记忆合金。目前已达到实用化的有 Ti-Ni 系合金（如 Ti-Ni、Ti-Ni-Cu、Ti-Ni-Fe 等）、Cu 系（基）合金（如 Cu-Al-Ni、Cu-Zn-Al 等）和铁系（基）合金（如 Fe-Pt、Fe-Pd、Fe-Ni-Co-Ti、Fe-Mn-Si 等）。

1）Ti-Ni 系合金。其具有的优缺点如下：

优点：稳定性好，可靠性高，强度、形状恢复的稳定性、记忆重复性、疲劳特性、耐腐蚀性、适应性、寿命方面都优于 Cu 基合金。

缺点：加工困难，成本高，热导率比 Cu 基合金低几倍至几十倍。

Ti-Ni 合金具有很高的电阻值，适合供给电流直接加热，利用电信号驱动微执行器。尤其是特殊的生物相容性，在医学与生物上的应用是其他形状记忆合金不能替代的。

2）Cu 基合金。比 Ti-Ni 系合金成本低，热导率极高，对环境温度反应时间短，适合作热敏元件。

3）Fe 基合金。比 Ti-Ni 系合金和 Cu 基合金成本低得多，易于加工，在应用方面具有明显的竞争优势。目前已知高锰钢、不锈钢也具有不完全性的形状记忆效应。

（2）形状记忆高分子聚合物属于弹性记忆材料，当温度升高到相变温度时，材料从玻璃态转变为橡胶态，相应的弹性模量变动较大并产生很大变形；当温度下降时，材料逐渐硬化，变成持续可塑的新形状。

根据作用机理的不同，形状记忆高分子聚合物可分为热致型、光致型、电致型、磁致型和化学感应型。与形状记忆合金相比，形状记忆高分子聚合物具备如下特点：耐腐蚀、易加工、生产成本低、可回复形变量大、质量较小、密度较小以及印刷适性好等。优点：质轻价廉，赋形容易，形状记忆温度易于调整等；缺点：力学强度较差，形状恢复力较低。

2.3.5.3　形状记忆材料的应用

（1）工业应用。其主要用于连接件、紧固件；温度控制器件；能量转换装置等。

1）应用于温度控制器件。例如，图 2-8 所示的形状记忆温控阀，将形状记忆合金丝绕成圆柱形螺旋弹簧作为热敏驱动元件，利用形状记忆特性，在某一段温度范围内产生显著的位移或力的作用，再加上用普通弹簧丝绕成的偏压弹簧，可使阀门往复运动。温度升至一定值，形状记忆弹簧克服偏压弹簧的压力产生位移，降低温度，偏压弹簧压缩形状记忆弹簧使阀门关闭。其可用做热水器的温控阀、笔式记录仪的驱动器、温度检测等。

形状记忆合金　　　　弹簧

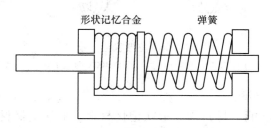

图 2-8　形状记忆温控阀

2）应用于能量转换装置。例如，图 2-9 所示的镍钛诺尔热机，该装置是一个水平放置在水槽上的轮子，每个偏置的轮辐上挂着镍钛合金制成的 U 形环，水槽分成两部分，分别装入冷热水。当 U 形环进入冷水槽时突然伸直，产生弹力，沿轮子切线方向的分力推动轮子转动。当 U 形环转入热水槽时，伸直的合金丝又恢复弯曲的形状。这样实现了热能与机械能之间的转换。

3）应用于连接件、紧固件。例如作为管接头，当不允许焊接的场合，记忆合金管接头经过单向记忆处理（降温后内径扩大），两头插入管子后恢复常温，管接头内径缩小，起到连接紧固作用。

利用偏压弹簧使形状记忆元件具有双向动作功能，还可以用来完成机器人手臂、肘部、腕部、手指等处动作，用作干燥箱和空调机的自动调节器、电流断路器等。

（2）医学应用。Ti-Ni 合金是目前医学上唯一使用的记忆合金，因为它不仅具有形状记忆特性，而且与生物体接触后会形成稳定性很强的钝化膜，不会在生物体液中溶解成金

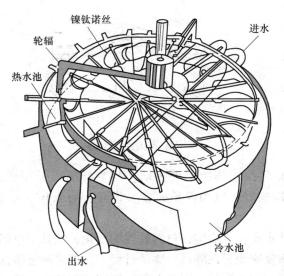

图 2-9　镍钛诺尔热机的结构示意图

属离子而引起毒性或导致血栓等。

　　Ti-Ni 合金在医学上的应用有外科手术中使用的各种矫形棒、骨连接器、血管夹、凝血滤器等，口腔科用的牙齿矫形丝，心血管科用的血管扩张元件。

　　（3）在微型机械中的应用。多用于制作执行器，可制成热动作性的开闭器等。

　　形状记忆微执行器是利用形状记忆材料（有合金、树脂、高分子凝胶等）能记忆原始形状的特性。例 1 记忆合金位移驱动器，图 2-10 所示为记忆合金位移驱动器的示意图，它一端固定在基板上，另一端可自由移动，起驱动作用。体积为 4mm×4mm×0.1mm，最大应变为 1.3%，最大行程为 570μm，在变形时驱动力可达 110mN。

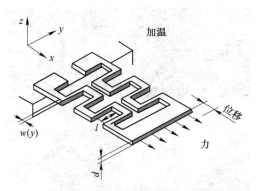

图 2-10　记忆合金线性位移微驱动器示意图

　　例如，图 2-11 所示结构是由 Ni-Ti 形状记忆合金制成的微型阀，它由 SMA 梁、聚亚胺膜片、垫块、阀座和通气管组成。工作原理：SMA 梁通电加热后，梁的形变通过垫块传给膜片，使其下凹挡住通气管，阀关闭；停电后，梁恢复形状，膜片复原，阀打开。阀座的内径为 0.5mm，外径为 1mm，开关响应时间为 0.5~1.2s。

　　形状记忆合金的优点是：其本身的电阻值很高，输入电能（通直流、交流或脉冲

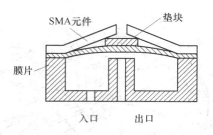

图 2-11　记忆合金微阀

电流均可，电压不高）转换成热能即可驱动；与本身的重量相比，驱动力很大；电场干扰小、远距离操作性能好；机构简单，容易设计；对人体无毒害，适合于医疗方面的应用。

　　形状记忆合金的缺点是：不稳定，材料特性的变化，尤其是电阻值的变化，会改变驱动频率；疲劳会使得恢复应变特性降低；驱动过程中，加热速度很快，但冷却过程完全靠热辐射或热传导，速度不容易控制。因此会影响控制的准确性，但还是可以应用在执行基本运动、精度要求不高的装置上。

　　光致型形状记忆高分子聚合物受到光源刺激后可发生形状记忆和恢复，具有清洁性、瞬时性、定点性和非接触式等特点。如红外光照射下的自折叠现象，如图 2-12 所示。

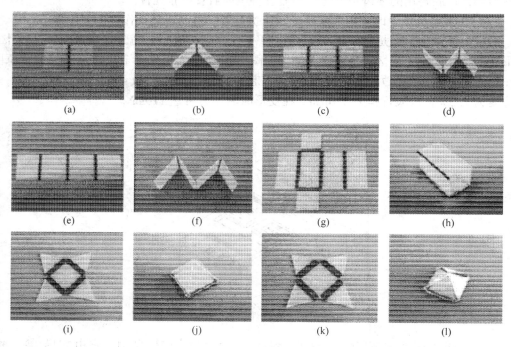

图 2-12　红外光照射下的自折叠现象

（a）照射前单线图；（b）照射后单线图；（c）照射前双线图；（d）照射后双线图；
（e）照射前三线图；（f）照射后三线图；（g）照射前矩形图；（h）照射后矩形图；（i）照射前四面体图；
（j）照射后四面体图；（k）照射前双铰链四面体图；（l）照射后双铰链四面体图

2.4 智能材料

近百年来，人们开始研究合成材料、复合材料、聚合材料，开发应用功能材料和多功能材料（poly-functional/multifunctional materials）。近二十几年来，人们又开始机敏材料（smart materials）和智能材料（intelligent materials）的研究和开发。

智能材料能以最恰当的方式去响应环境的变化，并以此显示自己的功能。智能材料是多学科融合化的结晶。

2.4.1　智能材料的功能

智能材料既有结构材料又有功能材料的作用。它同时具备传感功能、信息处理功能和执行功能，即具有信号自检测功能，自判断、自处理功能和自指令、自执行功能。

智能材料不仅能和功能材料那样去判断环境，而且能顺应环境，即既能识别外界的变化，又能通过改变材料的某些状态响应环境的变化的自适应功能。其具有自组装、自诊断、自学习、自调节、自修复、自分解等功能，以应对外部环境刺激自身积极发生变化。

细胞是生物体材料的基础，细胞就是具有传感功能、处理功能和执行功能的融合材料，可以以它作为智能材料的范本，从仿生的角度去研究智能材料。

2.4.2　智能材料的种类

智能材料主要有两种分类方法：一种是分为结构性智能材料和功能性智能材料；另一种是分为金属系、无机非金属系和高分子系智能材料。

2.4.2.1　金属系智能材料

在金属材料发生变形、裂纹等损伤和性能恶化时，使它具有能借助颜色、声音、电信号等感知这些现象的自我诊断、修复功能。

【例 2-1】　利用在铝合金内嵌入的硼粒子断裂时的声波，通过声发射传感器可感知变形、裂纹等损伤。

【例 2-2】　利用材料中所含的某些成分自动析出来填充间隙实施自我修复。

【例 2-3】　利用分散在钼内的氧化锆粒子的相变现象可在裂纹尖端产生应力缓和作用。

2.4.2.2　无机非金属系智能材料

智能陶瓷，具有许多特殊的功能，能像有生命的物质那样感知客观世界；可以能动地对外作功、发射声波、辐射电磁波、辐射热能；能有促进化学反应、改变颜色等反响；有的智能陶瓷具有自修复和候补作用。

【例 2-4】　在纤维补强的复合材料中，当部分纤维断裂时会释放能量，从而避免进一步断裂。

【例 2-5】　雷击时，陶瓷变阻器（氧化锌变阻器）在高压电的作用下可失去电阻，使雷击电流旁路入地，然后该电阻可像候补包那样又自动恢复。

【例 2-6】　钛酸钡热敏电阻（PTC）是正温度系数热敏电阻，在 120℃ 左右的相变温度下，出现电阻的极大变化，可作为冲击保护元件。

【例 2-7】 电致变色现象（electrochromism）是指材料在电场作用下会产生颜色的变化。这种变化是可逆而且连续可调，即透过率、吸收率及反射率三者的比例关系可调。利用这个特性制造的智能窗，可根据人的意愿选择性地调节透光或吸收光、反射或吸收热的多少来调节光照度及室内温度的目的。

2.4.2.3 高分子系智能材料

高分子凝胶类似于生物体组织，可因溶剂种类、盐浓度、温度等的不同以及电刺激和光辐射的不同产生体积变化。

高分子膜材具有控制物质渗透和分离的功能。现在正以生物膜为模型研究开发多肽膜，利用可逆的构象及分子聚集体的变化制成稳定性优异的膜材，对物质的渗透速率可随钙离子浓度、PH 及电场刺激而变化，能控制物质的通和断。

智能高分子材料可作为生物医用材料，例如作为药物释放体系（DDS）载体材料，可根据病灶引起的化学物质或物理量变化的信号，自反馈控制药物释放的通和断。胰岛素释放体系就是利用多价羟基与硼酸基的可逆键作为对葡萄糖敏感的传感部分，有效地将糖尿病人的血糖浓度维持在正常水平。

2.4.3 智能结构和系统

智能结构是指把传感器、执行器、控制逻辑、信号处理和功率放大线路高度集成在一起的结构。传感器、执行器除了有功能材料的作用以外还起结构材料的作用。智能材料系统是把传感器、执行器、控制器集成到一起组成的系统。或是把具有智能和生命特点的各种材料系统集成到一个总材料系统中以减少质量和能量，并产生自调节功能的系统。系统没有限制材料品种，包括固体、液体、胶体、流体甚至气体的复合体。真正意义上的这种智能结构和智能材料系统还在研制中。

2.5 材料的选择

用于微系统的材料的选择至关重要，下面对相关材料的特性作简单小结，设计师可利用其为微系统的不同部件选择材料。由于工艺流程是设计过程的一个部分，在系统设计中应对包括蚀刻剂和薄膜在内的材料进行仔细的估算。

2.5.1 主要衬底材料

衬底材料有两类：一类是只用作支撑的被动衬底材料，包括聚合物、合成树脂和陶瓷等；另一类是用作微系统中传感或致动元件的活性衬底材料，例如硅、砷化镓、石英等。

（1）硅：

1）力学稳定性好，价廉，易加工。

2）微传感器和微加速度计的适用材料。

（2）砷化镓：

1）具有对外部影响（例如光线中的光子）的灵敏反应，即使在温度升高的情况下也不例外。

2）可用于热绝缘。

3）因其高压电系数而适用于精密微致动器。

4）适于表面微加工。

5）是用于光闸、遮光器和致动器的理想材料。

6）是微器件和微电路的理想材料。

7）缺点是价格昂贵，远高于硅等其他衬底材料。

（3）石英：

1）即使在高温下也具有良好的力学稳定性，强于硅及硅化合物。

2）不受热扩散影响，是应用于高温环境下的理想材料。

3）良好的共振性能，适用于精密微致动器。

4）缺点是不易成型。

（4）聚合物：

1）主要用于被动衬底材料。

2）材料与加工工艺成本低。

3）易于成型。

4）可针对专门需要灵活地混合。

5）对温度和空气等环境因素比较敏感。

6）易因化学反应而损坏。

7）大多数聚合物有老化现象。

2.5.2 其他硅化合物衬底材料

（1）二氧化硅（SiO_2）：

1）易于在硅衬底表面上生长或按第 8 章中所介绍的沉积方法制备。

2）对热和电的绝缘性好。

3）是用于硅衬底湿法刻蚀的极好的掩膜材料。

（2）碳化硅（SiC）：

1）即使在高温下也具有良好的尺寸和化学稳定性。

2）使用铝掩膜干法刻蚀可便于加工成型。

3）深度刻蚀的理想钝化材料。

（3）硅（Si_3N_4）：

1）是扩散工艺中对水和钠离子极好的隔离材料。

2）是深度刻蚀和离子注入工艺中良好的掩膜材料。

3）是用于光波制导的理想材料。

4）用于高温下的高强度电绝缘的保护材料。

（4）多晶硅：

1）广泛用于电阻、晶体管闸门和薄膜晶体管。

2）是用于控制衬底电特性的良好材料。

2.5.3 封装材料

（1）陶瓷（铝、二氧化硅）；

（2）玻璃（硼硅酸玻璃、石英）；

（3）粘胶（焊接合金、环氧树脂、硅橡胶）；

（4）线束（金、银、铝、铜和钨）；

（5）端盖与壳体（塑料、铝、不锈钢）；

（6）片保护层（硅胶、硅油）。

2.6　新材料研究

下面举例说明新材料的研究情况。

【例2-8】　可降解纳米球搭载细胞修复伤口（来源：新华网）。

据美国物理学家组织网报道，美国科学家首次成功制造出可生物降解的新型聚合物，这种聚合物能自我组装成中空的纳米纤维球，当将这种纤维球和细胞一起注射入伤口时，纤维球会生物降解，而细胞则活下来形成新组织。相关研究发表在《自然—材料学》杂志网络版上。

该技术研发人、美国密歇根大学生物材料系终身教授皮特·马表示，这种纳米纤维球能模拟细胞的自然生长环境，因此可作为细胞载体将细胞送到伤口处，这是组织修复领域的重要进步。

由于缺乏足够的捐赠组织以及现有治疗受损软骨的方法效果有限，该技术有望为一些软骨受损患者带来福音。目前修复受损软骨的技术是将病人自己的细胞直接注入病人体内，没有模拟该细胞的自然生长环境并将细胞运送入体内的载体，注入体内的细胞稀稀拉拉，治疗效果因此并不乐观。

这种纳米纤维微球有很多孔隙，使营养物质很容易进入其中，而且，这种微球也承当了细胞基质的功能，同时也不会产生伤害细胞的降解副产品。

科学家先将这种中空的纳米纤维微球同细胞结合在一起，随后将其注射入伤口，当这些仅仅比其携带的细胞大一点的纳米纤维球在伤口处降解时，其携带的细胞已开始很好地生长，因为，这些纳米纤维球提供了一个让细胞茁壮生长的环境。皮特·马表示，这是科学家首次制造出能够注入体内的复杂细胞基质。在对实验鼠进行测试的过程中，这种纳米纤维球修复组生长出的组织是控制组的3倍到4倍。

为了修复形状复杂或怪异的组织缺陷，能被注射入体内的细胞载体要求大小非常精准，而且尽量不要进行手术。皮特·马的团队一直试图通过仿生方法，使用能进行生物降解的纳米纤维设计出细胞基质——在细胞生长并形成组织的过程中为其提供支撑的一套系统。

【例2-9】　科学家发明依靠光照自我修复新型塑料（来源：新华网）。

手机漂亮的塑料外壳被刮擦了一条深痕怎么办？将来也许不用更换，只要用一束光照照受损部位，擦痕就会消失。

瑞士弗里堡大学的科学家在英国《自然》杂志上报告了一种具有神奇自我修复能力的塑料。与塑料通常由长链分子构成不同，这种塑料的成分是较短的分子。同时，塑料中掺杂了一些锌离子和镧离子，这些离子把这些较短的分子连成长链。

锌离子和镧离子的特点是能够吸收紫外线。当这种新型塑料出现伤痕时，只需要用紫外线照射受损部位，这一局部就会受热融化并自动修复损伤。

　　实验显示，在一块厚度为 0.4mm 的新型塑料板上划出一条深 0.2mm 的痕迹，只需要经过两次短时间的紫外线照射，划痕就会消失，如图 2-13 所示。

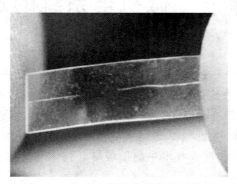

图 2-13　依靠光照自我修复新型塑料

复习思考题

2-1　简述微机电系统材料的特点。

2-2　如何选择微机电系统的材料。

微机电系统的加工

本章主要讲述微机电系统的加工，对薄膜层技术、牺牲层技术、LIGA 技术、键合技术、刻蚀与光刻技术进行了介绍。依次介绍了薄膜层技术的主要制备方法，（物理气相淀积和化学气相淀积）；在微型机械二维结构的加工中常采用的牺牲层技术的工艺过程；LIGA 技术的主要工艺步骤；键合技术中的阳极键合技术（静电键合技术）和直接键合技术（热键合技术）；刻蚀技术中的干法刻蚀与湿法刻蚀。另外，简单介绍了微机电系统制造工艺选择。

3.1 概　　述

在微机电系统中，只有将微型机械结构与微电子部分集成在一起才能制作成微传感器件和微执行器件，进而制成微机电系统。因此，微机电系统的加工不仅是微型机械结构的加工，更重要的是微机械与微电子、微光学等的集成结构的制作技术。

微机电系统的加工是常规集成电路加工工艺和（硅）微细加工特殊加工技术的结合。常规集成电路加工中常用氧化、掺杂（扩散）、光刻、腐蚀、外延、沉积（淀积）、钝化等微细工艺。微细加工特殊加工技术主要有表面（硅）微细加工技术、体（硅）微细加工技术、LIGA 技术和键合技术等。

氧化工艺是在硅片表面热生长一层均匀的介质薄膜，用作绝缘或者掩膜材料。氧化工艺包括高温干氧氧化、高温湿氧氧化。

扩散工艺是在硅片表面掺入三价或者五价元素，改变硅片的导电类型和电阻率。在微机械应用中，浓硼自停止腐蚀技术可以制备几个微米厚的薄膜。

表面（硅）微细加工技术是利用标准集成电路薄膜淀积和图形成形技术。其主要的优点是：与常规集成电路加工的兼容性好，微机械元件可容易地在已加工了电路的晶片空余部分制作；制作的器件比体加工的器件小得多。其主要的缺点是：这种技术属于二维平面加工工艺，限制了设计的灵活性。利用这种技术可制作微型传感器等。

体（硅）微细加工技术，是较早在生产中得到应用的技术，可进行三维加工。其主要的优点是：这种技术利用较为直接的工艺，不需要精密的加工设备；可加工三维器件。其主要的缺点是：与集成电路加工不兼容。

学习本章的目的，是了解微机械加工技术能够做什么与不能做什么，并且与"传统"制造技术（如车、铣、刨、磨、钻、电火花加工等）做比较，有些结构传统加工方法很容易加工，而微机械加工技术则很难；也有些结构传统加工方法很难，而微机械加工技术则很容易。

下面主要介绍薄膜层技术、牺牲层技术、LIGA 技术、键合技术、刻蚀与光刻技术。

3.2 薄膜层技术

3.2.1 薄膜材料

随着器件的微型化，尺寸减小并接近电子或其他粒子、量子化运动的微观尺度时，薄膜材料及其器件将显示出很多全新的物理现象。薄膜技术是制备新型功能器件的有效手段，是实现器件和系统的微型化的一种关键技术。

薄膜材料种类很多，有金属，半导体硅、锗，绝缘体玻璃、陶瓷或超导体材料等。从结构看，可以分为单晶、多晶、非晶或超晶格材料；从化学组成看，可以是单质、化合物或无机材料等。

3.2.2 薄膜层及其制备方法

薄膜层是指制备在衬底上的一层厚度一般为零点几个纳米到数十个微米的薄膜材料。微型机械中常常需要在由不同材料构成的大面积薄膜层中构造功能完善的结构。薄膜层的主要作用有两个：一是实现确定的功能，例如作为微传感器、微执行器中的敏感层；二是作为辅助层，例如，作为隔离和保护层或牺牲层。

薄膜层的制备方法很多，归纳如下：气相方法制膜，包括物理气相淀积（PVD）、化学气相淀积（CVD）；液相方法制膜，包括化学镀、电镀、浸喷涂等；其他方法制膜，包括喷涂、涂敷、压延、印刷、挤出等。

3.2.3 物理气相淀积（physical vapo doposition，PVD）

物理气相淀积是指通过能量或动量使被淀积的原子、分子或原子团从源物质中逸出，经过可控的转移过程落到衬底上面淀积成薄膜的方法。

物理气相淀积的特点（相对于化学气相淀积）如下：

（1）需要使用固态的或熔化态的物质作为淀积过程的源物质；

（2）源物质要经过物理过程进入气相；

（3）需要相对较低的气体压力环境；

（4）在气相中以及衬底表面不发生化学反应。

物理气相淀积方法有：蒸发法、溅射法、离子镀膜、分子束外延、离子注入成膜等。下面主要介绍真空蒸发法和溅射法。

3.2.3.1 真空蒸发法

真空蒸发也称真空镀膜，如图 3-1 所示。在 1.33×10^{-2} 的真空室中，利用电阻式加热、电子束加热、电弧加热或激光加热等方法，间接加热装有待蒸发材料的坩埚（或直接加热作为电极的被蒸发金属）。材料从蒸发源被蒸发，产生大量的原子（或分子）到达作为衬底的基片，淀积成膜。其优势是，在真空中大量无法控制的环境因素可消除。

3.2.3.2 溅射法

如图 3-2 所示，在低真空室中，充入适当压力（0.1~10Pa）的惰性气体（例如氩气）

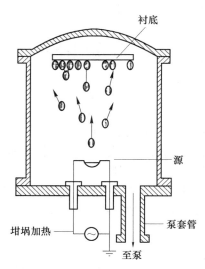

图 3-1 蒸发过程示意图

作为放电载体，将待溅射物质制成靶并置于阴极，衬底基片置于阳极工作台上。用高压电（一般为 1000V 以上，数千伏）使气体电离而形成等离子体，可独立运动的电子飞向阳极，氩气正离子在高压电场作用下加速飞向靶材，在撞击的过程中释放能量，使靶材的原子获得相当高的能量，脱离靶材表面，飞向衬底基片淀积成薄膜。

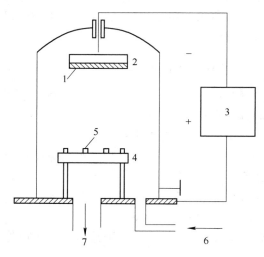

图 3-2 溅射薄膜原理示意图

1—靶；2—阴极；3—直流电压；4—阳极；
5—基片；6—惰性气体入口；7—接真空系统

    真空蒸发法的优点是薄膜生长过程容易控制，可制备高纯度薄膜层；缺点是薄膜的附着性较差。

    溅射法的优点是形成的薄膜牢固，并能制出高熔点的金属（合金）膜和化学膜，其化学组成成分不变；缺点是设备较复杂，成膜速度慢。

3.2.4 化学气相淀积（chemical vapor deposition，CVD）

化学气相淀积是指利用气态物质在固体的基片表面发生化学反应生成固态薄膜的技术。其是单独或综合利用热能、辉光放电等离子体、紫外光照射、激光照射等能源，使得含有将构成薄膜成分的一种或多种气态化合物、单质气体，通过原子、分子间产生化学反应在基片上生成固态薄膜的方法。

化学气相淀积方法有常压化学气相淀积、等离子化学气相淀积、高温和低温 CVD、激光辅助 CVD 等。

化学气相淀积的特点如下：
（1）可制备各种高纯晶态、非晶态金属、半导体、化合物薄膜；
（2）可有效控制薄膜成分；
（3）设备和运行的成本低；
（4）与其他相关工艺有较好的相容性。

3.3 牺牲层技术

牺牲层技术（sacrificial layer technology）也称为分离层技术，属于硅表面微细加工技术。

在微型机械二维结构的加工中常采用牺牲层技术，这些结构的高度一般在几到几十微米之间，与几百微米高度的三维结构相比，只能作为准三维结构。牺牲层的作用就是在加工形成结构层的过程中，保证结构层与基体之间有连接的分离，从而获得悬式微结构。

3.3.1 牺牲层与结构层

牺牲层可用化学气相沉积（CVD）方法沉积获得，也可通过掺杂或离子注入等方法制取。牺牲层材料大多数采用氧化硅，也使用聚丙烯等有机膜或光刻胶。大部分氧化硅可用氢氟酸腐蚀掉。结构层可用物理气相沉积（PVD）化学气相沉积（CVD）方法获得，并可利用光刻和刻蚀（物理、化学腐蚀）等方法进行结构制造。结构层材料有多晶硅、氮化硅、硼硅酸盐玻璃（BPSG）和金属等。

3.3.2 加工的工艺过程

加工的工艺过程如图 3-3 所示。

下面举例说明其加工的工艺过程。

【例 3-1】 用牺牲层技术加工多晶硅梁的工艺过程。

（1）通常在基体上先淀积一层绝缘薄膜层作为牺牲层（分离层），如图 3-4（a）所示。此例中，通过 LPVCD 方法淀积磷硅玻璃（PSG）层构成牺牲层。磷硅玻璃在氢氟酸中的腐蚀的速度比二氧化硅高，但为了获得均匀的腐蚀速度，磷硅玻璃必须在 950~1100℃的高温炉中加热以增加其密度。

（2）将牺牲层刻蚀出结构所需的形状和向结构层提供支撑点的开口，此例中，如图 3-4（b）所示进行光刻，腐蚀出窗口。

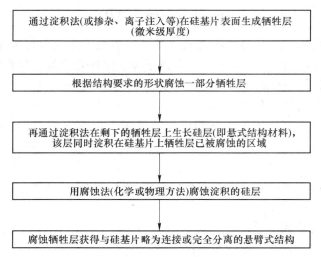

图 3-3 加工的工艺过程

（3）再在剩下的牺牲层上沉积薄膜（悬式）结构层，见图 3-4（c）。

此例中，淀积多晶硅（或金属、合金、绝缘材料），若采用多晶硅，则需要在 1050℃ 的高温氮气中退火一小时，以降低热应力效应。

（4）用刻蚀的方法（化学或物理方法），腐蚀淀积的多晶硅层。此例中采用干法腐蚀方法在结构层上进行第二次光刻，见图 3-4（d）。

（5）然后刻蚀（腐蚀）掉牺牲层获得与基体分离（或部分分离）的微结构，见图3-4（e）。此例中，采用湿法腐蚀从侧面腐蚀掉牺牲层，释放结构层。

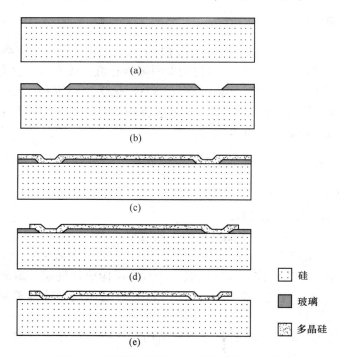

图 3-4 用牺牲层技术加工多晶硅梁的工艺过程

多次反复此工艺过程可获得如微齿轮、悬臂、曲轴等微结构，以及静电驱动的微型马达、多晶硅步进致动器等较复杂的微型结构。

3.3.3 加工中的注意事项

（1）牺牲刻蚀技术会形成型腔和通道，需要进行封装。

（2）牺牲层技术加工结束后，注意结构层与衬底的粘附。当结构层的弹性恢复力不足以克服表面张力、水的吸附力、静电力或范德瓦耳斯力等表面力时，会发生结构层与衬底的粘附。这样将导致器件加工的失败，成品率降低。

3.4 刻蚀与光刻技术

微机电系统中的微结构加工经常需要在整个硅片厚度范围内进行三维加工，即进行体（硅）微细加工。刻蚀与光刻技术均属于体（硅）微细加工技术。

光刻技术源于微电子的集成电路制造工艺，较早应用于微机械加工领域的微细加工技术。而刻蚀技术是独立于光刻技术之外的一类重要的体（硅）微细加工技术。刻蚀技术经常需要光刻中的曝光技术形成特定的抗蚀剂膜，而光刻之后也需要靠刻蚀得到基体上的微细图形或结构。因此，刻蚀技术和光刻技术经常是配对出现的。

3.4.1 光刻技术

（1）光刻技术的发展。光刻（photolithgraphy）是加工制造半导体结构或器件、集成电路图形结构以及微型机械中微结构的关键工艺。

1958年左右，光刻技术在半导体器件制造中首次得到成功应用，发展至今，图形线条宽度缩小了约3个数量级，目前已可加工小于$1\mu m$的线宽；集成度提高了6个数量级，已可制成包含百万个甚至千万个元器件的集成电路芯片。

（2）光刻技术的原理。其与印刷技术中的照相制版相似，故也称照相平版印刷。

1）光刻技术是在硅（或薄膜）等基体材料上涂覆光致抗蚀剂（或称光刻胶）；

2）利用极限分辨率极高的能量束通过掩膜对光致抗蚀剂进行曝光（或称光刻）；

3）显影后在光致抗蚀剂上得到与掩膜图形相同的微细图形；

4）利用刻蚀（腐蚀）等方法，在基体材料上制造出微型结构。

（3）光刻技术的工艺过程。下面举例说明光刻技术的工艺过程。

【例3-2】 在SiO_2膜上刻蚀所需图形的光刻工艺过程。

1）基体预处理。为保证光刻胶与SiO_2表面有良好的黏着力，对SiO_2表面进行预处理。清洁处理（脱脂、抛光、酸洗、水洗等）、干燥处理、增黏处理（800℃通氧烘焙或涂增黏剂），见图3-5（a）。

2）涂覆光刻胶。将光刻胶滴在硅片的SiO_2膜上，使硅片高速旋转，在离心力和表面张力的共同作用下，形成均匀胶层，见图3-5（b）。

3）前烘。常用红外线加热板。前烘的作用有：增强胶层与基体的黏附能力；提高胶层与掩膜板接触时的耐磨性；提高和稳定胶层的感光灵敏度，见图3-5（c）。

4）曝光。曝光是光刻工艺的核心步骤，它决定了图形的精确形状和精确尺寸。曝光前将掩膜板覆盖在光刻胶层上，利用紫外光等对光刻胶进行照射，光刻胶发生光化学反应，改变了光刻胶感光部分的性质。准确定位、控制曝光强度和时间是本步骤的关键，见图 3-5（d）。

5）显影。在光刻中，负性光刻胶未受曝光的部分在显影中被溶解掉，光刻胶留下的部分与掩膜图形形状相同，见图 3-5（e）。

6）坚膜。因为显影时胶膜被泡软，需要将硅片放在一定的温度下烘烤，以除去胶层内残留的显影液，使胶膜与 SiO_2 膜层更好黏附，防止胶膜脱落，并使胶膜进一步变硬，增加其耐腐蚀性能，见图 3-5（f）。

7）腐蚀：以坚膜后的光刻胶作为掩蔽层，对没有光刻胶作保护的 SiO_2 薄膜层进行干法或湿法腐蚀，见图 3-5（g）。

8）去胶。用干法或湿法去除剩余光刻胶，完成后在薄膜上刻蚀出所需要的图形，见图 3-5（h）。

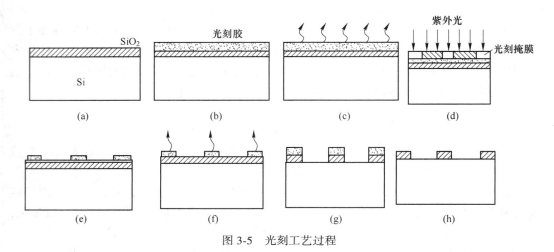

图 3-5 光刻工艺过程

（4）光刻胶。光刻胶又称光致抗蚀剂，是一种有机高分子化合物。其可分为正型光刻胶和负型光刻胶。正型光刻胶在曝光前对某些溶剂是不可溶的，在曝光后是可溶的；负型光刻胶在曝光前对某些溶剂是可溶的，在曝光后发生硬化，成为不可溶解的物质。

（5）光刻掩膜制作。光刻掩膜可通过 CAD 版图设计制作；生成（数控绘图机用的）图形加工 NC 文件；通过数控绘图机，利用激光光源制作掩膜原版，通过步进重复制版机进行精缩（缩小原版图像 1/10）和重复分布；计算机控制下电子束曝光，获得主掩膜版（掩膜母版）；通过接触式印相机制作（复印）若干工作掩膜。

3.4.2 刻蚀技术

在以往的集成电路的加工工艺中，只考虑深度 10μm 左右的加工范围，微型机械结构的加工中，需要考虑深度几百 μm 的加工，以便加工三维结构。刻蚀（腐蚀）技术能进行深度几百 μm 的腐蚀加工。刻蚀技术可分为湿法刻蚀和干法刻蚀两种：腐蚀剂为液体的化学刻蚀方法称为湿法刻蚀；腐蚀剂为气体的刻蚀方法称为干法刻蚀。

根据各个方向腐蚀速度特性的不同，分为各向同性腐蚀和各向异性腐蚀，各向同性腐蚀是指在腐蚀过程中，各个方向的腐蚀速度都相同的加工，如图 3-6（a）所示；各向异性腐蚀是指在腐蚀过程中，不同晶向上腐蚀速度相差较大的加工，如图 3-6（b）所示。

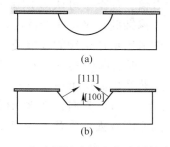

图 3-6　各向同性腐蚀和各向异性腐蚀

3.4.2.1　湿法刻蚀

湿法刻蚀主要是利用液体腐蚀剂进行化学反应达到刻蚀的目的。

各向同性腐蚀原理：以 HF-HNO$_3$ 作为腐蚀剂为例。硝酸（HNO$_3$）起氧化作用，使硅氧化生成 SiO$_2$；但是 SiO$_2$ 会阻碍反应的继续进行，氢氟酸将起氧化溶剂作用，与 SiO$_2$ 作用生成可溶性配合物 H$_2$SiF$_6$，通过搅拌使其远离硅片，保证各个方向的腐蚀速度基本一致。腐蚀的影响因素有：腐蚀速率随环境温度升高而增加；腐蚀液成分不同，腐蚀速度也不同等。

各向异性腐蚀原理：以碱性腐蚀剂氢氧化钾（KOH）、异丙醇（(CH$_3$)$_2$CHOH）和水作为腐蚀剂混合液为例。首先氢氧化钾将硅氧化成含水的硅化合物，然后再与异丙醇反应，形成可溶解的硅配合物，这种配合物不断离开硅表面。腐蚀面之间的角度：不同的晶面之间可形成不同的角度。例如，从（100）晶面被快速腐蚀到（111）晶面后，腐蚀速度极慢，可认为腐蚀停止，（100）晶面与（111）晶面之间的夹角为 55°。几个（111）晶面之间可相互垂直；（111）与（110）晶面之间的夹角为 35.26°，如图3-7所示。

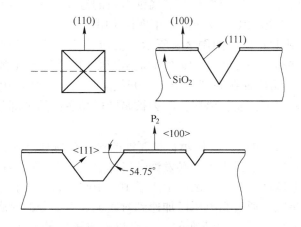

图 3-7　（100）晶面上各向异性腐蚀

腐蚀特性的影响因素：各向异性的特性与腐蚀混合液的成分配比有关，例如在 KOH-H$_2$O 中加入异丙醇后，腐蚀剂对硅的各向异性的腐蚀特性增强了。

腐蚀速度与腐蚀液 KOH 的浓度有关，例如 SiO_2 的腐蚀速度在腐蚀液 KOH 的浓度大约为 35% 时，腐蚀速度最大。腐蚀速度与掺杂浓度有关，例如腐蚀液 KOH 对轻掺杂硅与重掺杂硅的腐蚀速度之比可达数百倍，甚至于可认为 KOH 腐蚀液对重掺杂硅无腐蚀作用。

自停止腐蚀：利用腐蚀液对重掺杂硅几乎不腐蚀的特性，而对重掺杂硼的硅腐蚀停止效应比对重掺杂硅更明显。工艺中采用重掺杂硼的硅层使腐蚀自停止。

例如，在 (100) 硅上腐蚀一个规定深度的孔。在一块轻掺杂 N 或 P 型硅片的表面上，通过扩散、离子注入或外延工艺产生一层重掺杂 P 层；在另一表面上生长 SiO_2 掩膜，在掩膜上光刻出窗口，窗口边缘沿 (110) 方向，在 KOH 溶液中腐蚀，腐蚀到重掺杂 P 层，腐蚀自停止。孔深度由硅片的厚度减去重掺杂 P 层厚度而定。

3.4.2.2　干法刻蚀

(1) 干法刻蚀与湿法刻蚀的比较。湿法腐蚀的优点是对于不同的材料具有很好的选择性，但在各向同性的湿法腐蚀时，由于光刻胶下面的材料也被腐蚀，产生了结构损失，不会出现非常陡的棱角。干法腐蚀的优点是具有各向异性腐蚀能力强、分辨率高，能进行自动化操作、控制腐蚀过程等。干法腐蚀在微型机械的加工中逐渐占据主要地位。

(2) 干法腐蚀的步骤。

1) 腐蚀性气体粒子的产生；

2) 粒子向衬底传输；

3) 衬底表面的腐蚀；

4) 腐蚀反应物的排除。

(3) 干法腐蚀的种类。

物理方法：通过动量向衬底原子转移而实现。有离子腐蚀（溅射）IE、离子束腐蚀 IBE 等。

化学方法：惰性气体在高频或直流电场中受到激发并分解，然后与被腐蚀的材料起反应形成挥发物质，再抽气排除。有等离子体腐蚀 PE。

物理与化学结合的方法：既有粒子与被腐蚀材料的碰撞，又有惰性气体与被腐蚀的材料起反应。有反应离子腐蚀 RIE、反应离子束腐蚀 RIBE。

(4) 离子腐蚀（溅射）IE。如图 3-8 所示，反应器由真空室和两个平板电极组成。电极之间的距离为 1~5cm，并加 0.1~1kV 的高频电压；惰性气体（多数为氩气）加压为 0.5~10Pa；被腐蚀的样品放置在底部平板上。开始腐蚀时，气体放电产生惰性离子，被加速到衬底上，轰击衬底表面发生溅射，除去被腐蚀样品表面的某部分介质层。这是各向异性腐蚀。

(5) 离子束腐蚀 IBE。如图 3-9 所示，被腐蚀的衬底在高真空区，与产生离子的等离子区是分离的。在相对较低的压力下，触发惰性气体放电，电子的路径被加长，磁场强迫电子在一个螺旋轨道上运动。等离子区产生离子中的 10%~30% 离子通过热运动可以到达由两个加速栅组成的装置，通过高电压区加速到衬底上。大部分的衬底支架是可以旋转和摆动的，所以离子的入射角是可以改变的；衬底与等离子区是分离的，可以避免衬底受污染。

纯物理方法腐蚀的特点如下：

(1) 是各向异性腐蚀，选择性小；

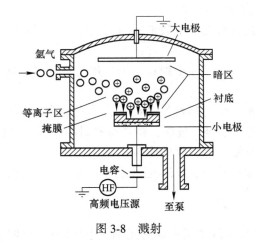

图 3-8 溅射

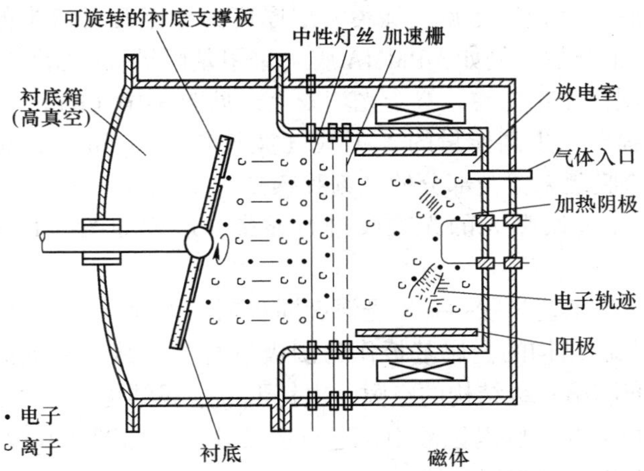

图 3-9 离子束腐蚀

（2）不能加工成绝对垂直的侧壁；

（3）腐蚀会使槽倾斜，由于离子入射时，通过倾斜结构棱角的反射，在结构底部离子流的密度会被提高；

（4）腐蚀速率很低（几十纳米/分钟）；

（5）被腐蚀的材料会又被淀积在侧壁上。

3.5 LIGA 技术

LIGA 是德文 Lithographic（制版术）、Galvanoformung（电铸成型）和 Abformung（注塑）的缩写。LIGA 技术是基于 X 射线光刻技术的三维微结构加工技术。

LIGA 工艺由德国的卡尔斯鲁厄（Karlsruhe）原子核研究中心于 1982 年开发出来的。开创者 Wolfgang Ehrfeld 曾经提出可以用 LIGA 工艺制造出厚度超过其长宽的各种微型构件，例如，制作出直径 5μm、厚 300μm 的镍质构件。

LIGA 工艺的主要特点如下：

（1）可制作出高度达数百至上千微米，高宽比达 200，侧壁平行线偏离度在亚微米级之内的三维立体微结构；

（2）微结构的可加工横向尺寸小到 0.5μm，加工精度可达 0.1μm，有很高的垂直度、平行度和重复精度；

（3）加工的几何结构不受材料特性和结晶方向的限制，可以制造由各种金属材料如镍、铜、金等，以及合金、塑料、玻璃、陶瓷等材料制成的微型机械；

（4）可实现大批量复制生产，降低成本；

（5）缺点是需要用专用的同步辐射光源，加工成本高；与微电子工艺的兼容性差。

3.5.1　LIGA 技术的工艺步骤

LIGA 技术主要包括 X 光深度同步辐射光刻、电铸制模和注模复制三个工艺步骤。下面举例说明：

（1）在金属衬底（基板）上旋转涂覆一层厚度为十至几百微米的光刻胶，见图 3-10（c）。光刻胶一般为聚合物，例如，PMMA 胶（聚甲基丙烯酸甲脂）。

（2）根据要求制作光刻掩膜，置于光刻胶上，见图 3-10（b）。

（3）同步回旋辐射产生高能量的 X 射线（波长 0.2~0.5nm），见图 3-10（a），X 射线通过掩膜版，使掩膜版未覆盖部分的光刻胶感光。

（4）把已经受 X 射线曝光的光刻胶进行显影，形成如图 3-10（d）所示的第一级结构。

至此已完成第一个工艺步骤——X 光深度同步辐射光刻。

（5）把托载光刻胶结构的金属基板作为阴极进行微电镀，电解液中的金属阳离子淀积在金属基板上，充满第一级结构的空隙，电铸形成金属结构，见图 3-10（e）。

（6）将此结构放入光刻胶腐蚀液中，进行去胶处理，如图 3-10（f）所示，去掉了第一级结构，获得全金属的第二级结构。

至此已完成第二个工艺步骤——电铸制模。

若微电镀的金属就是需要的微结构的材料，此结构就是成品，则两个工艺步骤形成准 LIGA 技术。产品不能大批量生产。

若以微电镀获得的金属结构作为模塑机的模具，则完成了电铸制模的步骤，一般模具的金属采用 Ni。

（7）以全金属的第二级结构作为模具，将聚合物注入，进行注塑（模塑），见图 3-10（g）。

（8）从金属模具中脱出注塑的聚合物和模具基板，形成第三级结构，即所需要的微结构产品，见图 3-10（h）。因为（7）、（8）步骤可反复进行，能够大批量生产此类微结构产品。

至此已完成第三个工艺步骤——注模复制。

3.5.2　LIGA 技术的应用

用 LIGA 技术可以制作出各种金属、塑料和陶瓷组成的带有活动结构的三维微器件、

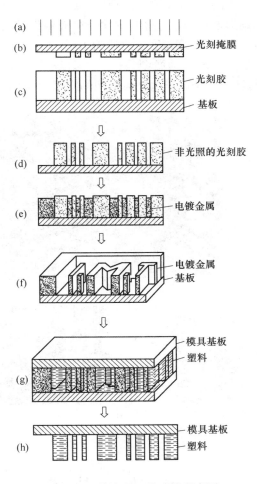

图 3-10 LIGA 技术的工艺路线示意图

微结构和微装置，下面举例说明。

【例 3-3】 悬臂式电容加速度传感器。

固定电极和质量块（联结悬臂梁）均高 300μm，由 LIGA 技术加工而成，如图 3-11 所示。

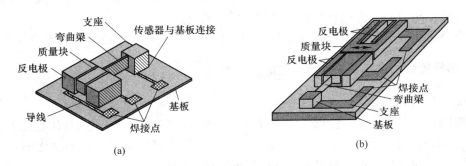

图 3-11 悬臂式电容加速度传感器

【例3-4】 如图3-12所示的微装置，是利用LIGA技术制成。

图3-12（a）为圆桶形谐振器，是经过多次光刻而制作成的，高度为230μm，圆桶与周围电极之间的间隙为2μm（深度与宽度之比为100：1）。

图3-12（b）为镍制的静电驱动微型马达，左图是原理图，右图是加工后的外形图。直径为400μm，转子与轴、转子齿与电极齿之间的间隙为4μm。

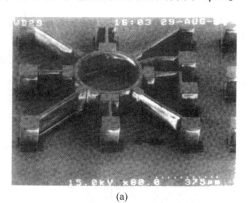

(a)

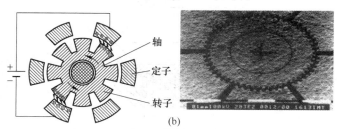

(b)

图 3-12　LIGA 技术制成的微装置

3.6　键　合　技　术

3.6.1　键合

键合技术是不需要胶或粘合剂就能使材料层融合到一起，形成很强的键的一种技术。其功能：一方面可以制作复杂的三维微型机械结构，形成数十微米至数百微米厚的结构层，另一方面可以对器件进行封装，保护微机械系统。

键合技术主要有阳极键合技术（静电键合技术）和直接键合技术（热键合技术）。

3.6.2　阳极键合技术（主要介绍静电键合技术）

3.6.2.1　阳极键合

阳极键合主要用于硅与玻璃之间的键合，对器件进行封装。封装的作用是：

（1）保护器件不受外界环境的影响，例如，不受外界电磁干扰，不受化学药品的腐蚀，不受湿气的侵蚀，不受外界光、热作用的影响；

（2）避免器件中的物质造成对外界环境的影响，这些物质与外界的某些物质可能发生反应形成污染。

3.6.2.2 静电键合

静电键合技术也称为场助键合，属于阳极键合。静电键合也可以将玻璃与金属、合金或半导体键合在一起，甚至实现硅-硅键合。

静电键合的键合界面有良好的气密性和稳定性，键合强度可达数兆帕，但要求键合物表面的凹凸程度必须控制在 $1\mu m$ 以下，因为键合强度与表面平滑度有关。

3.6.2.3 静电键合的原理

以硅-玻璃键合为例，键合装置如图 3-13 所示。

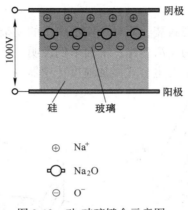

$\oplus$ Na^+

$\ominus\!\!\!\!-$ Na_2O

$\ominus$ O^-

图 3-13 硅-玻璃键合示意图

把被键合的硅片和玻璃紧紧靠在一起，硅片接阳极，玻璃接阴极，两极之间加 1000V 电压，并将硅片和玻璃加热至 400℃以上。在这种温度下，因本征激发，硅片的电阻率降至 $0.1\Omega cm$ 左右，类似金属。而玻璃离子的电导率使玻璃中带正电荷的钠离子大量产生漂移，离开硅-玻璃界面，迁移至阴极进行中和；带负电荷的氧离子较大，迁移率小，在硅-玻璃界面处出现负离子区域，形成强电场，以极大的力使硅片与玻璃键合在一起。

为了可靠结合，选择材料时应注意两者之间的性能（表面热膨胀系数等）匹配。例如派莱克斯（Pyrex）7740 玻璃的热膨胀系数与硅非常接近，是一种合适的材料。

3.6.3 直接键合技术（主要介绍热键合技术）

3.6.3.1 直接键合

直接键合主要用于硅-硅键合，将两种硅晶片在没有外加电场的情况下实现永久键合。硅-硅直接键合的优点是：不存在界面失配的问题，提高了器件的性能；便于实现复杂的微结构；可采用两硅片分别设计、分别制造，然后键合，加大了设计的灵活性，简化了加工工艺。

3.6.3.2 热键合技术

热键合技术又称为硅直接键合（SDB）技术或硅熔融键合（SFB）技术。这种技术工艺简单，不仅不需要粘合剂，也不需要外加电场，只通过加温，在高温处理下直接键合而成。热键合工艺基本步骤如下：

（1）将两个氧化或未氧化的硅片抛光；

（2）放入含 OH⁻ 的溶液中作浸泡处理；

（3）在室温下将两硅片贴在一起；

（4）将贴合好的硅片放入 O_2 或 N_2 的环境中，经过数小时的高温处理后形成良好的键合。

需要注意的是：键合的强度随着温度的升高而增加；硅表面应有较好的平整度，避免产生孔洞；温度对于键合面上产生的孔洞数量和大小有影响，但在 900～1100℃ 高温下处理几小时后孔洞会消失。

3.6.4　应用

利用键合技术不仅可实现封装，而且可实现多层的复杂三维微机械结构。制作的微传感器、微执行器体积小，结构灵活多样。下面举例说明。

【例 3-5】　如图 3-14 所示的电容式微加速度传感器。

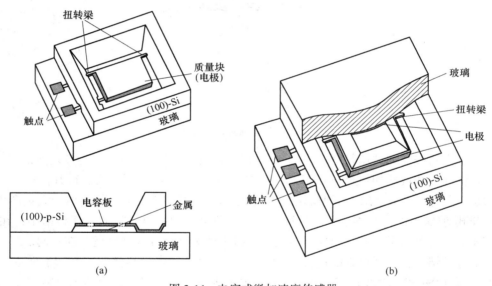

图 3-14　电容式微加速度传感器

图 3-14（a）所示传感器为两层结构，下层为传感器的定极板，是在玻璃上淀积了金属膜构成的；上层为传感器的动极板，是在硅片上腐蚀出质量块。玻璃层与硅层各自加工后，采用静电键合技术把它们结合成一体。

图 3-14（b）所示传感器为三层结构，上下两层是作为定极板的玻璃，中间一层是作为动极板的玻璃，它们之间的结合是采用静电键合技术。

【例 3-6】　微压力传感器制作中采用了直接键合技术，如图 3-15 所示。

（1）在作为约束片的硅片上采用等离子刻蚀方法加工出深度为 $10\mu m$ 的窗口；

（2）与作为敏感片的另一片硅片进行直接键合，两片之间的窗口形成传感器的压力参考腔；

（3）将作为敏感片的硅片腐蚀减薄，在进行抛光后利用离子注入技术加工出电阻，制成压阻式微压力传感器。

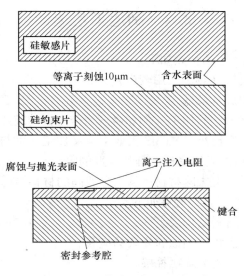

图 3-15　微压力传感器加工工艺示意

【例 3-7】　图 3-16 所示为三层结构微惯性器件的加工过程，制作中采用了体（硅）微细加工技术和直接键合技术。

（1）在 P 型硅（100）晶面上用 KOH 溶液掩膜腐蚀出窗口，如图 3-16（a）所示；

（2）高温下在晶面（包括窗口）上扩散一层硼，厚度为 $5\sim10\mu m$，如图 3-16（b）所示；

（3）利用离子刻蚀技术对扩散的硼层和硅衬底进行掩膜刻蚀，如图 3-16（c）所示；

（4）如图 3-16（d）所示，在 7740 玻璃上掩膜腐蚀出两个窗口，并淀积金属（Ti、Pt 或 Au 等）膜；

（5）如图 3-16（e）所示，将加工好的硅片和玻璃基板进行静电键合，键合温度为 335℃，电压为 1000V；

（6）如图 3-16（f）所示，把键合好的硅片和玻璃基板放入 EDF 溶液中，将 P 型硅腐蚀掉，就得到了所需要微惯性器件。

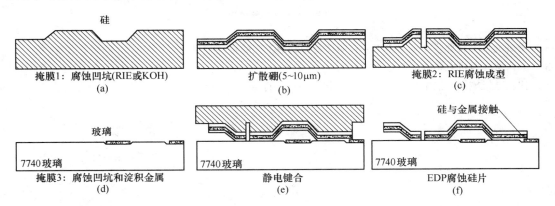

图 3-16　微惯性器件制作过程示意

3.7 制造工艺选择

（1）体微加工。此工艺的特点如下：

1）操作方式比较直接（刻蚀应用较广）。

2）三种加工方式中成本最低。

3）适用于简单几何形状的加工（例如微压力传感器的膜片）。

4）主要的不足是深宽比小（MEMS 工业中定义加工深度与平面上加工宽度的尺寸比为深宽比。体微加工结构的高度受标准硅片厚度的限制）。

5）此工艺需从体衬底上去除材料，从而导致高的材料损耗。

（2）表面微加工。此工艺的特点如下：

1）需在衬底上制造材料结构层。

2）需设计制造用于沉积和刻蚀的复杂的掩膜。

3）结构层制备后需蚀刻去除牺牲层。

4）由于制造工序复杂，比体加工成本高。

5）主要优点：①相对体加工来讲，更少受硅片厚度的限制；②结构层材料的选择余地大；③适合于微阀或梳状驱动器等复杂几何形状结构的加工。

（3）LIGA 和 SLIGA 及其他高深宽比工艺

1）几种加工方式中成本最高。

2）LIGA 和 SLIGA 都需要专门的同步辐射加速器以用于深 X 射线光刻，这种设备并非所有 MEMS 工业都可以接受。

3）这些工艺需要开发微注射模技术和工艺。

4）主要优点：①在结构的深宽比上有很大的灵活性，LIGA 工艺的深宽比可达到200；②可制造更灵活的结构和形状的微结构；③对微结构使用的材料没有限制，LIGA 工艺可制造包括金属在内的各种材料的结构；④在三种工艺中最适用于大批量生产。

复习思考题

3-1 微机电系统有哪些加工制造工艺？简述每种制造工艺的特点。

3-2 如何选择微机电系统的制造工艺？

3-3 比较微机械加工技术与"传统"制造技术各自的特点。

4 微机电系统的组成

本章主要研究微机电系统的组成；主要介绍了微传感器和微执行器及其工作原理，微传感器介绍了电量检测微传感器，机械量检测微传感器、物理量检测微传感器、化学检测微传感器和生物检测微传感器；微执行器介绍了静电式微执行器、电磁式微执行器、压电式微执行器、电流变式微执行器、磁致伸缩式微执行器、形状记忆合金微执行器、机械式微执行器、流体执行器和仿生式微执行器；最后，简单介绍了微处理器和微动力源。

4.1 概　　述

微机电系统是一个集成系统，由微传感器、微执行器（微致动器）、微处理器（微控制器）、微动力源（微能源）等微电子系统和微机械装置集成在一起，组成一个微型系统，如图 4-1 所示。

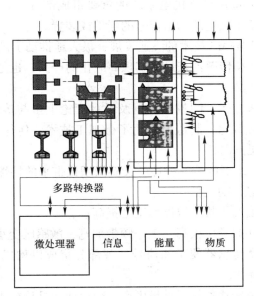

图 4-1　微机电系统示意图

微机电系统由微型敏感元件接收外部信息，通过微处理器分析，转换成操作指令，控制微执行器完成工作，所以是一个具有能完成信息获取、信息处理、执行指令，产生动作等整套功能的系统，如图 4-2 所示。

同样是利用微结构技术，利用集成电路的制造工艺制造的微传感器和微执行器需要合

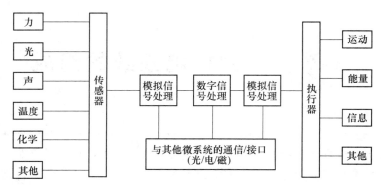

图 4-2　微机电系统的模型框图

理的连接，三维微结构之间的连接方法在技术上、在经济上更具有重要的意义。

　　微机电系统是由微传感器、微执行器、微处理器、微动力源等子系统以及实体结构组成，只有将内部子系统之间，系统与其他调整装置、固定装置、执行装置以及与外部宏观部分的接口之间连接起来才能组成一个完整的系统。本章将介绍组成微机电系统的各个部分及其互相的连接。

4.2　微传感器

　　微传感器（micro-sensor）是微机电系统的重要组成部分，是能感受指定的被测量并按照一定的规律转换为便于接受的输出信号的器件或装置。

　　20 世纪 80 年代后期 MEMS 技术的飞速发展，极大地推动了微传感器技术的发展。在已开发的微机电产品中，微传感器是最早实现商品化的产品，也是技术发展最快、所占微机电产品中份额最多的产品。

　　微传感器在能量传送方式、测量原理以及设计理论上虽与传统的传感器无太大的差别，但是在几何尺寸上微型化，制造上采用了微加工技术，使得传感 MEMS 技术成为现代传感器技术的重要发展方向。

　　微传感器保持宏观传感器的传感特性，又有微型化带来的特性：

　　（1）体积小、重量轻、功耗低；

　　（2）不易受外界温度的干扰，温度稳定性提高；

　　（3）响应快、元件共振频率很高、工作频带加宽、敏感区变小、空间解析度提高；

　　（4）微加工技术使微传感器便于和信号处理部分集成以构成微传感器测试系统，具有集成化和多功能化的特性；

　　（5）微加工技术使微传感器易于批量生产，因此使产品价格大大降低；

　　（6）微传感器本身具有高可靠性，微机电系统又可同时使用多个传感器，使系统的可靠性大大提高。

　　例如图 4-3 所示三维加速度传感器系统的结构，单个加速度传感器只对某个方向的加速度敏感，利用 LIGA 技术在衬底表面制造多个传感器，布置在两个互相成 90° 的方向上，同时在垂直衬底的方向上利用硅微加工工艺制造传感器，组成三维加速度传感器阵列，具有以下优点：

（1）不仅可测量加速度的幅值，还可确定加速度的方向；

（2）即使阵列中有传感器受到损坏，由于某个方向的传感器不止一个，整个相同的功能不至于受到影响，可靠性大大增加；

（3）传感器阵列与微处理器组成三维加速度传感器系统，测试的质量得到很大提高。

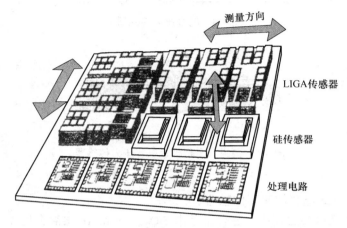

图 4-3　三维加速度传感器

以上特性使得微传感器技术成为各种自动化装置和现代武器装备必不可少的关键技术，受到世界各发达国家的高度重视。微传感器主要有速度、角速度、加速度、压力、温度、湿度、气体、磁、光、声、生物、化学等传感器，应用于航空航天、汽车、医学、生物化学、家用电器、环境监测等领域。下面介绍几种按被测量的类型进行分类的检测微传感器。

4.2.1　电量检测微传感器

电量微传感器是通过测量电容变化或利用压阻效应、压电效应测量电阻等电量来完成检测工作的传感器。

4.2.1.1　电容式传感器

电容式传感器利用两极之间的电容变化达到测量目的。一个电极是作为参考的固定电极，另一个是具有可变形或可变位的联动电极，联动电极的变形或两极之间距离的变化都可以产生电容的变化。

电容式传感器的特点：具有很高的灵敏度和很小的功率损耗，非常适合用于生物医学工程和遥感测量领域。此外，还具有动态特性好、抗过载能力强，对高温、辐射等恶劣环境的适应能力强的特点。

【例 4-1】　电容式压力传感器。

图 4-4 所示为典型电容压力传感器的结构图，此种传感器由硅微细加工制成。

图 4-5 所示为薄膜式平行极板电容压力传感器的原理图。膜片板的挠曲度能反映出两侧的压力差。

膜片板的挠曲改变了极板之间的电容 C，电容的变化通过电路转换成电信号即可检测

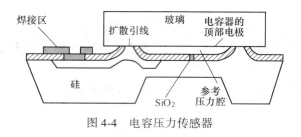

图 4-4   电容压力传感器

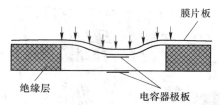

图 4-5   薄膜式平行极板电容压力传感器

出压力的变化。

【例 4-2】   悬臂式电容加速度传感器。

悬臂式电容加速度传感器中,悬臂梁是由 SiO_2、Cr 和 Au 层混合构成,悬臂梁一端的质量块与固定电极之间形成电容,当垂直于悬臂梁面方向有加速度时,梁弯曲变形,质量块与固定电极之间距离发生变化,引起电容变化。图 4-6 所示为两种不同类型的悬臂式电容加速度传感器。

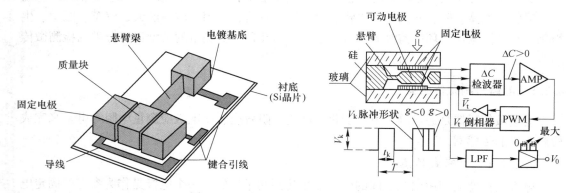

图 4-6   两种悬臂式电容加速度传感器

【例 4-3】   扭转式电容加速度计。

图 4-7 所示为非对称扭转极板电容加速度计。在加速度的作用下,极板会产生旋转,从而改变了活动极板与衬底上的固定敏感极板之间的电容,通过测量两块固定极板间电容的比值,可得加速度值。灵敏度可通过改变扭转杆的长度和宽度来调节。

图 4-8 所示也是两种扭转式电容加速度传感器。图 4-8 (a) 所示的传感器中,质量块由硅片制成,通过两个扭杆连接到支撑框架上,与玻璃基片上的固定电极形成电容;图 4-8 (b) 所示的传感器中,平衡板通过两个扭杆连接到支撑框架上,在平衡板的一端淀积重金属层形成质量块,平衡板与固定电极形成电容。当垂直质量块的方向产生加速度时,质量块扭转,电容发生变化。

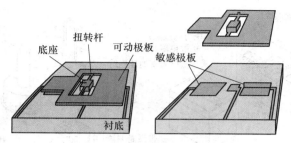

图 4-7 非对称扭转极板电容加速度计

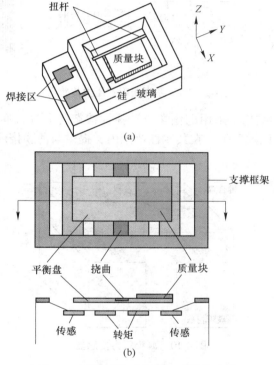

图 4-8 两种扭转式电容加速度传感器

4.2.1.2 压阻式传感器

利用单晶硅材料的压阻效应制作的传感器，称为压阻式传感器。与电容式传感器比，其优点为：无活动部件，耐振、耐腐蚀、抗干扰能力强；体积小，适合于微加工技术制作；频率响应高，固有频率可达 15MHz，非常适合测量系统的动态特性。

其缺点为：硅半导体材料受温度影响大，需要进行温度补偿；加工程序复杂，封装困难。

压阻式传感器的使用已实现商品化，常用的有压力传感器和加速度传感器。

【例 4-4】 压阻式压力传感器。

图 4-9 所示是美国集成传感器（IC Sensors）公司生产的 TO-8 系列压阻式压力传感器的结构图。

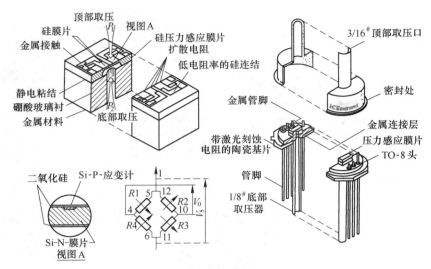

图 4-9　TO-8 系列压阻式压力传感器

图 4-10 所示的典型结构是采用电化学或选择性掺杂各向异性腐蚀体微加工薄膜压力传感器。薄膜边缘植入压敏电阻，在其线性范围内，提供与薄膜挠度和也即压力成正比的电量输出。

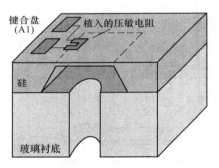

图 4-10　薄膜压力传感器

【例 4-5】　压阻式加速度计。

图 4-11 所示为加速度计的整体结构，由一块硅片与两块硼硅胶玻璃片阳极键合而成，加速度计的总体积为 2mm×3mm×0.6mm。对玻璃块进行各向同性腐蚀，形成可供质量块上下运动的封闭空腔，在可弯曲梁上接近支撑边缘扩散形成压敏电阻，通过它检测质量块的位移。

图 4-12 所示为双面腐蚀形成硅加速度计梁的工艺过程。

4.2.1.3　压电式传感器

【例 4-6】　压电场效应管加速度计。

宏观尺度的压电加速度计很普遍，但由于电荷泄漏和热电效应，一般没有有效的直流响应。

微压电加速度计采用微机械技术实现接近直流的响应。利用 ZnO 薄膜元件与栅极直接耦合，几乎完全消除电荷泄漏；无应变的 ZnO 补偿电容阵列与应变敏感电容一起应用

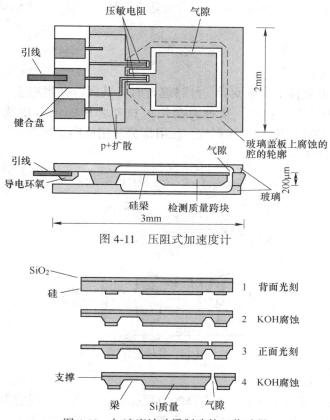

图 4-11 压阻式加速度计

图 4-12 加速度计硅梁制造的工艺过程

几乎完全消除热电效应。

图 4-13 所示为压电场效应管加速度计的结构图。该加速度计由氮化硅层、溅射 ZnO 压电层和铂电极层组成，用 HF 腐蚀牺牲层制成悬浮式多晶硅梁。

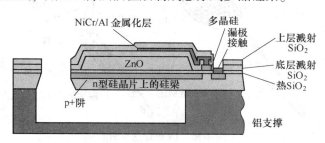

图 4-13 压电场效应管加速度计

4.2.2 机械量检测微传感器

机械量微传感器是测量变形、振动、谐振等机械量的传感器。

4.2.2.1 结构弹性变形微传感器

结构弹性变形微传感器是由摆片、简支梁或平行四边形梁以及支架等构成，目的是测量微结构的弹性变形。例如摆片加速度计，在大变形时是以静电、磁或光方式测量表面相对于参考面的位移来检测变形的，在小变形时是以压阻、电容、或电致伸缩方式测量内应力来检测变形的。

4.2.2.2　应变传感器

【例 4-7】　植入式应变计。

1980 年，Angell 制作了硅应变计，外科缝合时将其固定在组织上，以观察研究人或动物身体内的受力情况。例如，某种力会使得长期卧床的患者皮肤溃疡。应变计长 1.7mm，厚 60μm，外形用湿法腐蚀制成，压阻部分是用掩膜扩散形成，两端各有一个硅环，用于固定，如图 4-14 所示。

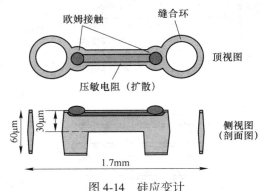

图 4-14　硅应变计

【例 4-8】　应变穿透探针。

图 4-15 所示为自带应变片和放大电路的微型探针。其实际断裂应力比"大"硅探针高 5~6 倍。厚仅 30μm 的探针能穿透硬脑脊膜，而穿透较软的蛛网膜、软脑脊膜等，只需要 15μm 厚的探针。

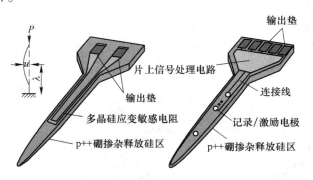

图 4-15　应变穿透探针

探针的形状用硼扩散自停止腐蚀和 EDP 腐蚀加工初始晶片形成，并在上面加工多晶硅压敏电阻。电阻值的变化与探针的挠度的变化几乎成正比，且不出现滞后。

4.2.2.3　机械振动结构微传感器

机械振动结构微传感器的结构类似于前面的传感器，要靠摆片等结构作为试体。这类传感器有弹性波式和谐振式两种，弹性波或谐振性能的变化是由于体效应（压力、温度、加速度）的变化，或是质量、传导率等条件的改变而造成的。

初期的振动传感器使用压电体石英，振动是由镀在晶体上的电极实现的，应用于测量温度、压力或膨胀变形等。

硅微传感器中，硅本身不是压电体，其振动是靠电容、热效应或是硅上的压电薄膜实现的。

【例 4-9】 Lamb 波激励硅微传感器。

这是一种弹性波式传感器，当试体比较厚时，传播的弹性波是雷利波这样的体波，当试体较薄时，传播纵向剪切波或 Lamb 这样的表面波。

在如图 4-16 所示的硅微传感器中，低频低速的 Lamb 波的激励是靠硅上淀积的 ZnO 膜来实现的，属于压电激励。靠压电激励的硅微传感器技术较复杂，其他常用的激励方法有静电效应、热效应和光热效应等。

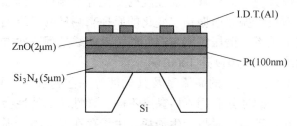

图 4-16　Lamb 波激励硅微传感器

【例 4-10】 共振式压力传感器（如图 4-17 所示）。

共振式压力传感器的加工如下：

（1）在 n 型衬底上腐蚀浅坑，在坑内和坑边扩散 p 型偏转电极；

（2）在上面熔融键合另一晶片，顶部形成钝化膜，用离子注入形成压敏电阻；

（3）腐蚀用于连接电极的连接孔；

（4）淀积和图形化键合盘、连接线；

（5）在梁的两边腐蚀窄长槽以形成位于掩埋腔上的梁结构。

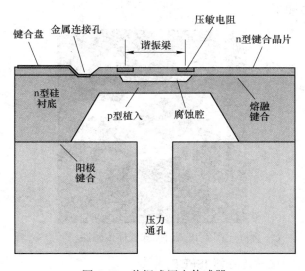

图 4-17　共振式压力传感器

其工作原理如下:

在梁和偏转电极之间施加微伏级的电压信号就可使得梁共振,由压敏电阻提供反馈,施加在下层薄膜上的压力增加共振梁的张力,从而增加了共振频率,传感器的结构频率和所受的压力关系近似完全线性。

4.2.3 物理量检测微传感器

物理量微传感器用于除机械量、电量外的其他物理量的检测,例如,温度、流量、黏度等。

(1) 温度检测。一般的温度检测是通过物理量的转换方式来测量。电阻的变化对应温度的变化,依靠热电效应、二极管阈值强度的变化等来测量。例如,石英温度微传感器是利用温度变化引起石英谐振器谐振频率变化的原理来测量的。石英晶体的机械和压电性能与温度之间有确定的关系,谐振频率与温度的关系曲线呈现三次方的非线性关系。传感器的最高分辨率为 10^{-4}℃,灵敏度达 1000Hz。

(2) 流量及黏度检测。流体的微流量及其黏度等一些物理特性可利用弹性波原理来测量。例如,流体黏度传感器是利用流体黏度不同,弹性波的特性会发生变化的原理来测量的。黏性流体沉积在振动表面时将产生损耗,由于存在摩擦力,损耗与流体的黏性系数之间有直接关系。流体的黏性增加,力的强度也将增大,弹性波的特性会发生变化。

4.2.4 化学检测微传感器

化学或电化学微传感器,有的是利用导电性、电压或电荷的变化来测量,有的是利用传感器表面涂层对某些物质吸收较敏感的特性来测量的。

【例 4-11】 谐振式气体传感器。

如图 4-18 所示,在同一石英板上加工了 5 个谐振器,每个谐振器上都覆盖一层吸收专门气体的选择层,其中 4 个是选择性谐振器,其谐振频率随所吸收气体的物质量而变化,第五个作为参考频率。

图 4-18 谐振式气体传感器

【例 4-12】 著名的化学传感器 ISFET。

ISFET 的结构如图 4-19 所示,它是一个场效应晶体管,栅区第一层是用于测量的氧化铝层，上面覆盖了一层防水胶膜，胶膜上淀积了一层多晶硅膜。多晶硅膜由于对离子钙敏感，在这种传感器中被选作为离子选择片。栅区靠最外层的离子选择片捕获离子形成电势差而成为感应件。这种传感器的缺点是敏感元件不足，即离子选择片只对钙离子敏感，只利用一个敏感元件无法对未知的化学物质进行准确的识别。

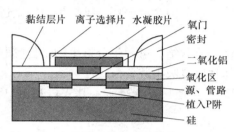

图 4-19 离子敏感场效应晶体管（ISFET）

【**例 4-13**】 探测气味的"电鼻子"。

与分析电子学原理相结合，把多个具有不同敏感特性的传感器构成阵列，可以对复杂的化学物质进行准确的识别。图 4-20 是一个探测气味的"电鼻子"的结构。该芯片上有40 个不同的传感器，制作在一个 100mm 的氧化硅基板上，是以金属氧化物涂层（电导率探测器）为基础构成敏感元件阵列组成的系统。

图 4-20 电子鼻

由于涂层不均匀或加热不均匀，不同的敏感元件对表面附近的气体敏感产生的电导率（半导体金属氧化物表面的氧离子与周围气体互相作用起反应而产生的）灵敏度不同，由此生成信号样本，通过编制的神经元网络程序与事先存储的标准样本比较，可确定气体种类。"电鼻子"在仪器工业中有很大应用潜力，例如，用于确定葡萄的成熟程度。

但是由于化学检测微传感器的敏感元件缺少选择性和长期的稳定性，使其使用受到了影响。

4.2.5 生物检测微传感器

生物检测微传感器的检测原理是基于一些催化元素（如酶、细胞、组织）或一些相近元素（抗体、核酸、细胞感受器）相对于某一个机体的选择比较，检测的方法通常是测量导电性或振动结构的谐振。

【**例 4-14**】 Love 波生物微传感器。

这是剑桥大学研制的，用来检测免疫球蛋白的微传感器。Love 波是横向剪切波。微传感器上有可传播 Love 波的聚合物膜，靠蛋白催化来固定人类的免疫球蛋白，灵敏度可达 0.1g/L。

生物微传感器与微执行器（如微阀、微泵等）集成为检测器还可用来检测血流量和液体输入量，开发各种系统用以监测血液循环、维持生命的微透析。

【例 4-15】 微量液体分析器。

用生物微传感器与硅微型泵联结，可用于分析生物微传感器的微小量生物液体，也可用作维持生命所需要的液体注射或吸出装置。

图 4-21 所示为硅微型泵，直径只有几毫米，其入口和出口均有几个阀，阀是靠压电效应工作。

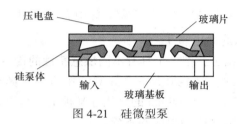

图 4-21　硅微型泵

【例 4-16】 生物声学式传感器（如图 4-22 所示）。多功能生物声学式传感器是模拟耳朵从外耳、中耳、内耳（耳蜗）的功能，完成从聚集声音能量，通过阻抗匹配，耦合到耳蜗，经过频谱分析，并发射到神经系统的整个过程而制成的。

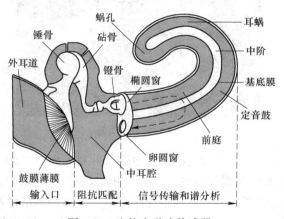

图 4-22　生物声学式传感器

4.3　微执行器（微致动器）

微执行器（micro-actuator）又称为微致动器、微驱动器或微作动器，也是微机电系统的重要组成部分，是能从事和执行动作的微机械部件或器件。

目前多数微执行器是毫米级，其运动构件大多为微米级。许多精密制造传统技术虽然能将机械零件微型化到相当小的程度，但难以达到微执行器所需的尺度，利用微电子集成制造及微细加工技术才能实现微观尺度的微执行器结构的加工。

从原理上看，可以把微执行器理解为微传感器的物理逆转换，传感器是将物理或化学量输入转换成电、光信号，而微执行器是将电、光信号转换成力、力矩或状态变化的物理量输出。完整的微机电系统可以制成可移动的、可局部分离的微执行器完成检测任务和实现规定的动作。

与传统的传感器相比，微执行器的特点是：

（1）速度高、加速快；

（2）仅需要极小的驱动力；

（3）热膨胀、振动等环境干扰因素变小；

（4）因为尺度效应，作用力的效能增加，单位质量所需驱动力减少，同时，驱动特性受因次参数影响。

下面将根据工作原理的不同，分别介绍几种微执行器。

4.3.1 静电式微执行器

静电式微执行器是利用电荷之间的静电作用，即吸引力和排斥力的互相作用，顺序驱动电极而产生平移或转动。静电式微执行器是采用电压控制。

静电式微执行器的驱动力与体积比极高，因为静电力是表面力，它与结构尺度的二次方成正比，在微机械领域，结构的尺度微型化后，能够产生很大驱动能量。

目前微马达（微电机）已有很多种类，如静电马达、压电马达、超声马达、电磁马达、谐振马达、磁致伸缩马达、生物马达等。其中，静电马达分转动式和直线式两种。

图 4-23 所示是世界上第一台转动式静电马达的结构，它是利用多晶硅制作的，直径为 $60\sim100\mu m$。

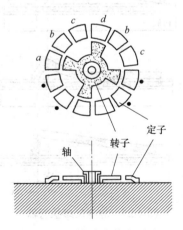

图 4-23　转动式静电马达

【例 4-17】　静电激励旋转微型马达（如图 4-24 所示）。

（1）结构：有绕轴承自由转动的转子，圆周上均匀地分布着电容极板，在外环定子上分布固定电极，以合适的相位驱动转子转动。

（2）原理：利用静电激励作用，顺序驱动电极而产生转动。

（3）性能：后来研制的静电马达转速可达每分钟上万转。

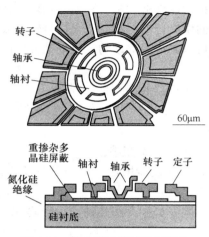

图 4-24　静电激励旋转微型马达

【例 4-18】　静电平动微型马达。

　　静电尺蠖执行器——步进直线微执行器，如图 4-25 所示。其工作原理为：使用一个能弯曲的末端带有微小垂直挡板的金属板，当金属板和衬底中掩埋的导体之间加电压时，金属板就向下弯曲，并将挡板向前推进一小段距离；当电压消失时，由于挡板与绝缘层表面摩擦力不对称，产生金属板的净位移。不断重复这个过程，就能得到连续的、具有很好精度的步进直线运动。

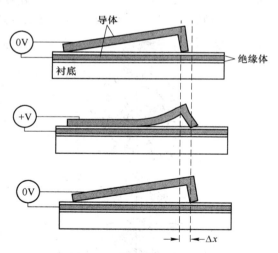

图 4-25　静电尺蠖执行器

【例 4-19】　直线马达（静电梳状驱动器，如图 4-26 所示）。

　　（1）工作原理：梳状结构是指使用了大量的梳齿，梳齿相对于长宽而言很薄，其引力主要是边缘效应而非平板效应，由于上面的空气（或真空）与下面的导电基座引起的边缘效应不对称，导致相当大的脱离衬底力（或漂浮力）。施加电压，活动梳齿相对于固定梳齿发生运动。

　　（2）应用：1）电容加速度传感器；2）电容位置测量（通过附加接地电极减少边缘效应）；3）静电驱动器。

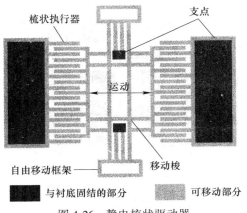

图 4-26　静电梳状驱动器

　　静电梳状执行器是通过在电极上加电压，使得梳齿间产生静电力，从而梳齿朝着相互连锁的方向移动。

　　作为驱动器时，产生的电容是通过改变面积而不是改变极板之间的距离来改变的，电容与面积是线性关系，所以位移与施加的电压的平方成正比。如图 4-27 所示，则其驱动力为

$$F_A = nF_{A0} = n\varepsilon_0 \frac{h_A}{z_0} U^2 \tag{4-1}$$

式中　　F_{A0}——一个梳齿产生的静电力；

　　　　ε_0——真空中的介电常数；

　　　　U——两个电极间的驱动电压；

　　　　h_A——梳齿宽度；

　　　　z_0——两个梳齿间的间隙。

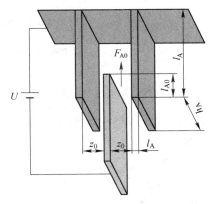

图 4-27　单梳齿产生的静电力

　　静电梳状执行器也可用于运动转换。图 4-28 所示为一个两自由度的双向移动微结构。

【例 4-20】　静电梳状微谐振器。

　　韩国的学者设计了三角形静电梳状阵列，如图 4-29 所示。该阵列用于调整谐振频率，由一组以三角形排列的梳齿组成，梳齿的长度依次线性变化。

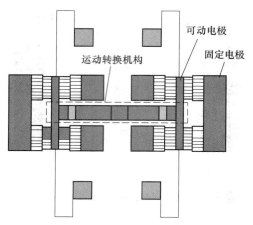

图 4-28　双向移动微结构

若 L 为移动极板梳齿的长度，l 为固定梳齿阵列的极板长度，x 为偏移距离，U_n 为调整激励电压，p 为齿间节距，s 是两个齿间的间隙，b 和 h 分别为梳齿交叠三角形的底宽和高度；B 和 H 分别为可用于调谐的梳齿三角形的底宽和高度。

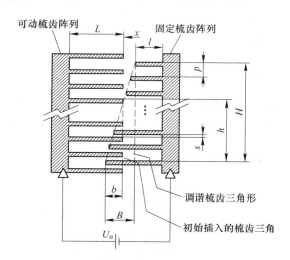

图 4-29　静电梳状微谐振器

由频率调谐梳状阵列产生的静电力如图 4-30 所示，则
由交叠梳齿产生的静电力为

$$F_e = \frac{1}{2}\left(\frac{\partial C_c}{\partial x}\right)U_n^2 = n\left(\varepsilon\,\frac{t}{s}\right)U_n^2 = \frac{\varepsilon t}{ps}hU_n^2 \tag{4-2}$$

式中，有效的交叠梳齿数 $n = \dfrac{h}{p}$，$h = \dfrac{H}{B}(b + x)$，则梳齿间构成的电容对数为 $2n$。交叠梳状三角形阵列产生的静电力和偏移 x 的关系为

$$F_e = Cx + D \tag{4-3}$$

式中，$C = \dfrac{\varepsilon t H}{psB}U_n^2$；$D = \dfrac{\varepsilon t H b}{psB}U_n^2$。

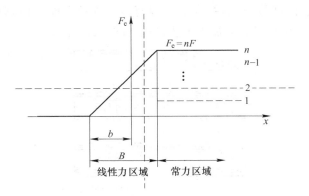

图 4-30　三角形梳状阵列的静电力

【例 4-21】　静电梳状结构微夹具。

静电梳状结构微夹具应用于医学和生物学领域，操纵细菌、动物细胞等。

采用梳状结构执行器是因其能在相对大的移动范围内，仍有稳定的驱动力，仅需要 20V 驱动电压就能获得 10μm 位移量，如图 4-31 所示。

设置两个打开驱动梳和一个闭合驱动梳，可使夹子的活动范围加倍。驱动臂和外伸臂长度为 400μm 和 100μm，如图 4-32 所示。

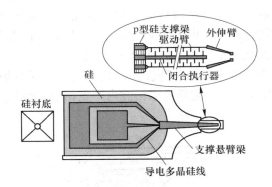

图 4-31　静电梳状结构微夹具

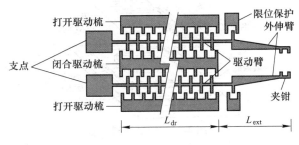

图 4-32　微夹具的驱动结构

【例 4-22】　静电微夹具（多晶硅静电微爪）。

静电微夹具（多晶硅静电微爪）：由一个 7mm×5mm 的硅片，一个位于硅衬底上的 1.5μm 长的硼掺杂支撑悬臂梁和一个 400μm 长的多晶硅悬伸抓手组成。由于多晶硅的某些部分被根切，其余部分固定在硅衬底上，因而多晶硅抓手能自由移动，仅需要 20V 驱动电压就能获得 $10\mu m$ 位移量。其加工工艺过程如图 4-33 所示。

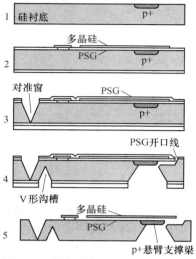

图 4-33 多晶硅静电微爪的加工工艺

【例 4-23】 静电微阀（如图 4-34 所示）。

（1）结构：由顶、底壳和膜片结构构成。顶、底壳由导电聚合物制成，膜片结构由上下两片聚酰亚胺和中间的金片，共三片膜片组成，膜片的直径为 3.3mm，厚为 $25\mu m$。

（2）工艺：采用表面微加工、刻蚀、LIGA 等制成。

（3）原理：顶、底壳是激励电极，挠性膜片根据激励电极所加电压的大小和方向不同，产生凸凹形变从而使顶、底壳之间的谐振腔内产生相应大小和方向的脉冲压力，以打开或关闭阀的进出口。

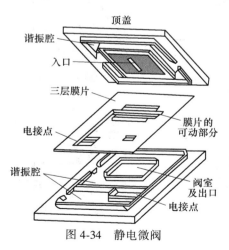

图 4-34 静电微阀

4.3.2 压电式微执行器

（1）原理：利用压电材料的逆压电效应（即将材料置于电场中，会产生弹性变形、振动等），将电能转变为机械能。电致应变与施加的电场近似成正比。压电式微执行器常见的运动方式为直线运动或旋转运动。

（2）优点：响应速度快（微秒到毫秒）；输出应力大（数十兆帕）；频带宽；能量密度高；操作电压低（与静电执行器比）；微小输出位移稳定，很适合制作微执行器，例如微阀、微泵等。

（3）缺点：制造工艺复杂，驱动范围变化较小。

【例 4-24】 微型机器人。

图 4-35 所示为自行式机器人，它装了图 4-35（a）所示的 V 形压电驱动脚。这个压电驱动脚是利用一对双晶片压电元件制成的。

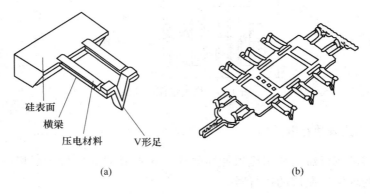

(a)　　　　　　　　　　　　　(b)

图 4-35　自行式机器人

(a) V 形压电驱动脚；(b) 整体结构

【例 4-25】 压电扫描隧道显微镜探针。

压电扫描隧道显微镜探针如图 4-36 所示，运用小应变压电机理。探针制作在一个压电悬臂梁上，压电执行器是由夹于铝电极之间的 ZnO 膜构成，悬臂梁包含两套这样的夹层器件，一套用于使探针出入平面上下移动（感受隧道电流），移动距离小于 10^{-10} m；另一套使探针在平面上扫描形成图像。

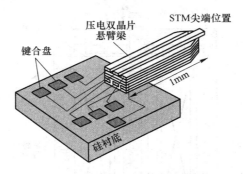

图 4-36　压电扫描隧道显微镜探针

4.3.3　电流变式微执行器

电流变式微执行器是利用电流变原理（即在电场的作用下电流变材料的黏度会发生变化甚至可在液态和固态之间以 0.1~1ms 的速度迅速转变，转变的过程是可逆的）制成的（柔性）执行器。

【例 4-26】　微型电流变体泵。

图 4-37 所示为微型电流变体泵的结构，在具有柔韧性的金属电极之间加入电流变液体，并作为一个单元封装在两端各带有一个单向阀的工作腔内。利用电流变液体的体积膨胀效应，在电流变液体上施加电场后，微型电流变体泵把电流变液体从右侧的单向阀中泵出。去掉电场后，微型电流变体泵又从左侧的单向阀吸入电流变液体。通过控制施加的电场强度，可控制微型电流变体泵的吸入和泵出量和速度。泵的响应速度极快。

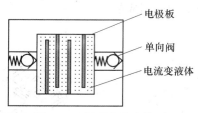

图 4-37　微型电流变体泵

4.3.4　磁致伸缩式微执行器

磁致伸缩式微执行器是利用磁致伸缩效应（某些铁磁材料置于磁场中，它的几何尺寸会发生变化的现象）制成的执行器。

磁致伸缩效应根据尺寸变化形式不同，可分为纵向效应、横向效应、握转效应和体积效应。

磁致伸缩效应受温度影响较大，温度升高，效应减弱。磁致伸缩效应的强度与磁场强度的偶次方成正比。

【例 4-27】　磁致伸缩式位移驱动器。

图 4-38 所示为一个磁致伸缩式位移驱动器的结构，位移量可达 $50\sim100\mu m$，控制精度为 $0.1\mu m$，外形直径为 $10\mu m\times100\mu m$。

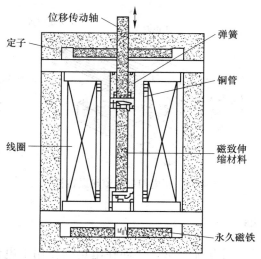

图 4-38　磁致伸缩式位移驱动器

4.3.5 形状记忆微执行器

形状记忆微执行器是利用形状记忆材料（有合金、树脂、高分子凝胶等）能记忆原始形状的特性制成的。

形状记忆合金（SMA）相变后能恢复原始形状，同时在恢复过程中伴随产生位移和力，Ti-Ni 合金可产生 1×10^{-4}Pa 以上的恢复力和 2% 的恢复应变。

形状记忆合金的优点：其本身的电阻值很高，输入电能（通直流、交流或脉冲电流均可，电压不高）转换成热能即可驱动；与本身的重量相比，驱动力很大；电场干扰小、远距离操作性能好；机构简单，容易设计；对人体无毒害，适合于医疗方面的应用。

形状记忆合金的缺点：最大的问题是不稳定，材料特性的变化，尤其是电阻值的变化，会改变驱动频率；疲劳会使得恢复应变特性降低；驱动过程中，加热速度很快，但冷却过程完全靠热辐射或热传导，速度不容易控制，因此会影响控制的准确性，但还是可以应用在执行基本运动、精度要求不高的装置上。

【例 4-28】 形状记忆合金微钳。

图 4-39 所示为形状记忆合金 SMA 薄膜微钳的三维结构示意图。微钳臂长 900μm，宽 380μm，厚 200μm，其中 TiNiCu 膜厚 5μm。

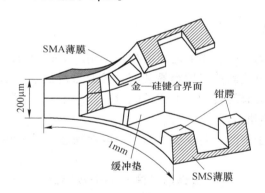

图 4-39 形状记忆合金 SMA 薄膜微钳

形状记忆合金微钳的工作原理为：加热到 70℃ 时，由于马氏体相变，TiNiCu 薄膜收缩，钳口可张开 110μm，冷却时利用 Si 基片的弹性，使钳口回复加热前的闭合状态。

【例 4-29】 记忆合金位移驱动器。

图 4-40 所示为记忆合金位移驱动器的示意图，它一端固定在基板上，另一端可自由移动，起驱动作用。体积为 4mm×4mm×0.1mm，最大应变为 1.3%，最大行程为 570μm，在变形时驱动力可达 110mN。

【例 4-30】 记忆合金微型阀。

图 4-41 所示为一个由 Ni-Ti 形状记忆合金制成的微型阀的简单结构图，它由 SMA 梁、聚亚胺膜片、垫块、阀座和通气管组成。其工作原理为：SMA 梁通电加热后，梁的形变通过垫块传给膜片，使其下凹挡住通气管，阀关闭；停电后，梁恢复形状，膜片复原，阀打开。阀座的内径为 0.5mm，外径为 1mm，开关响应时间为 0.5~1.2s。

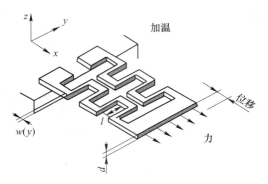

图 4-40　形状记忆合金位移驱动器

图 4-41　形状记忆合金微型阀

4.3.6　电磁式微执行器

电磁式微执行器是利用电、磁场之间的相互作用产生驱动力。电磁式微执行器多为三维结构，优点为：比静电式微执行器容易装配；控制系统成熟，易和宏观系统联接使用；可在恶劣环境下工作；具有旋转轴，可传送能量。

【**例 4-31**】　磁线圈执行器。

磁线圈执行器是基于聚酰亚胺模型、垫层、电镀铁芯、导体和金属牺牲层等加工工艺制成的。

图 4-42 所示的是由在平面内蜿蜒形导体与一个双层磁芯交错在一起组成的"弯曲"磁线圈结构。这一类磁线圈结构可直接用作执行器，例如，双层 Cu 线圈阵列制作二维微定位器件；也可利用其作驱动悬臂梁磁执行器。

图 4-42　磁线圈执行器

【**例 4-32**】　微电磁马达。

图 4-43 所示为平面微电磁马达，直径为 423μm，转速为 1200r/min，驱动电流为 0.6A。

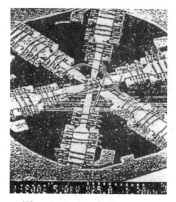

图 4-43　平面微电磁马达

【例 4-33】　磁式微型马达。

图 4-44 所示为利用 LIGA 分别加工定子、转子、轴、线圈框架和键合盘并组装成的马达。马达的每相有两个磁极，每个磁极上有 18 匝线圈，采用导线键合封闭定子线圈。由于磁阻效应，转子在基片上方抬起，减少了摩擦力。直径为 285μm 的转子，稳定转速为 8000r/min，最高可达 33000r/min。在马达内加工形成光电二极管，作为旋转探测器用于转动和位置的测量。

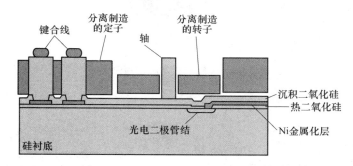

图 4-44　磁式微型马达

【例 4-34】　微电磁阀。

（1）结构。如图 4-45 所示，微电磁阀由上下阀座、活门和电磁激励器组成，活门尺寸为 40μm×40μm×1μm，阀的总面积为 100μm×10μm。

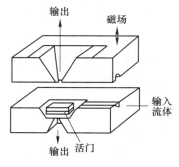

图 4-45　微电磁阀

（2）工作原理。活门在电磁激励器的磁场作用下，或上或下运动，使输入的流体向上或向下输出。特点是尺寸小，驱动力大，适用于导电液体的输送，最大优点是可以制造成阀门阵列，以进行系统控制。

【例4-35】 感应式薄膜读写磁头。

图4-46所示为第一个微机械感应式薄膜读写磁头，用于IBM3370硬盘驱动器中，其设计自1979年以来基本未变。

图4-47所示为其典型的制造工艺，制成后通过抛光形成空气轴承表面，保证精确控制悬浮的高度及与记录表面的摩擦作用，以获得一致的磁盘驱动性能。

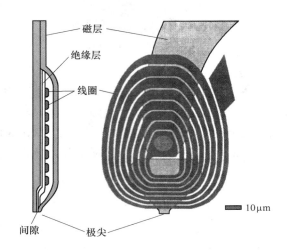

图4-46　感应式薄膜读写磁头

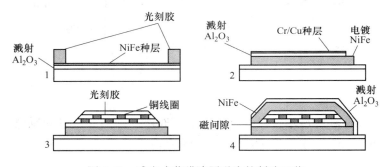

图4-47　感应式薄膜读写磁头的制造工艺

【例4-36】 硅平面磁头。

图4-48表明硅平面磁头具有磁通量聚集器，记录槽的磁轭中设计了双层扭转线圈结构，它通过金属通孔与衬底另一面的键合盘连接。图4-49所示为硅平面磁头的顶视图。记录槽的结构是为了能垂直写入衬底平面。与传统的薄膜磁头比性能稍好。

4.3.7　机械式微执行器（继电器、开关）

继电器和开关都是利用绝缘间隙（空气或真空）来实现物理接触或物理隔断，从而

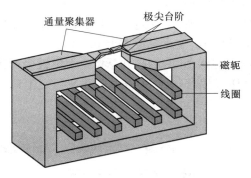

图 4-48 硅平面磁头的磁隙区

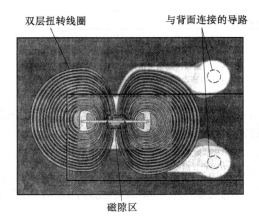

图 4-49 硅平面磁头的顶视图

获得期望的器件开或关的状态。目前就绝缘电阻、干扰、开路电阻等参数而言，还不能与传统电磁继电器相比。大部分微继电器采用静电驱动。

【例 4-37】 体微静电驱动继电器。

如图 4-50 所示，利用电镀金的"偏转块"将多晶硅执行器从玻璃基片的触点推开；工作时，多晶硅执行器向上运动，与玻璃基片上的金属化金层接触，接通电路。继电器的测试特性为：控制电压在 50~100V，导通电阻约 2.3Ω，工作寿命约 1 亿次，闭合时间约 20μs。

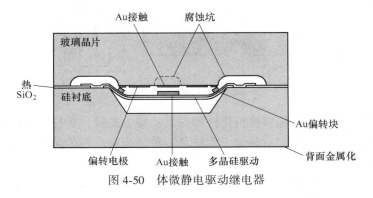

图 4-50 体微静电驱动继电器

【例 4-38】 表面微静电继电器。

表面微静电继电器如图 4-51 所示，闭合时继电器的全部电阻（包括导线和触点）为 1.9~3.2kΩ，闭合时间仅需 5μs，电流容量大于 10mA。

一个长约 300~500μm、电镀 Ni 的多晶硅悬臂梁上电镀金的接触块，在 60V 的驱动电压下产生向衬底平面的偏移（偏移量约 30μm），并与衬底上的一个直径约 10μm 的水银珠接触。

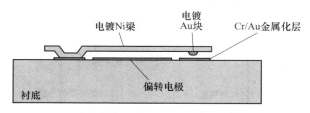

图 4-51　表面微静电继电器

4.3.8　流体执行器（阀、泵）

微机械流体器件与宏观的流体器件比有很多的区别：有最小的死区；低泄漏、低气体渗透；好的流量和体积控制；快速的机械响应和扩散混合时间；理想的化学和生物可兼容表面等。

微流体系统应用于化学分析、生物和化学传感、药物传输、分子识别、环境监测等。微阀和微泵是微流体系统中的关键部件，但除了气体阀以外，其余阀、泵尚未获得完全理想的特性，也不完全实用。

【例 4-39】 微机械无源阀。

图 4-52 所示为结构简单的完全无源阀，不需要外部的动力或控制，这类阀通常用作泵（例如心脏）的无源检测阀。

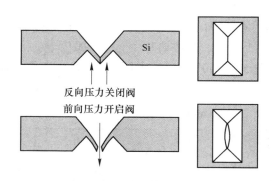

图 4-52　微机械无源阀

加工时，先在上方通过掩膜腐蚀出锥形深坑；移去掩膜，重掺杂硼；用无掩膜的掺杂选择性腐蚀形成阀叶并开槽。这种加工方法是一种制造简单的单向阀的方法。工作时，正向压力开启阀，反向压力关闭阀。

【例 4-40】 气动微机械阀（有源阀）。

图 4-53 所示为外部气体驱动的用于控制含水的生物药剂流体的微机械阀。它不需要内部产生力来开关阀，也不通过电路获得驱动。

作为中间层的硅"活塞"由硅树脂人造橡胶（硅树脂依附在氧化物/氮化物上）形成的膜片支持着，当外部气体驱动时，此活动结构就关闭液体流动通道，几乎没有泄漏。当压差达到 500kPa 时，流速达到 275μL/min。

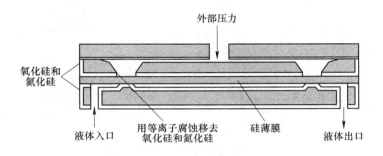

图 4-53　气动微机械阀

【例 4-41】　静电控制气动阀。

图 4-54 所示的气动阀是以气体压力作为动力源，利用静电控制气流的执行器列阵。阀门有四种状态：双向排气、左单向排气、右反向排气、双向关闭。

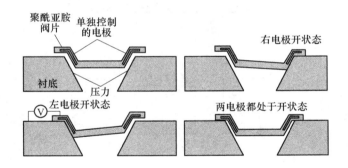

图 4-54　静电控制气动阀

用于微型机械传送系统的静电控制气动阀是通过施加气体压力脉冲及脉冲的间隔来控制阀门的状态，达到定向移动物体的目的。静电控制气动阀的加工工艺简图如图 4-55 所示。

【例 4-42】　扩散泵（如图 4-56 所示）。

扩散泵有一个隔膜驱动的空腔，连接着横截面渐大的入口和横截面渐小的出口。隔膜向上运动时，根据"流动整流"效应，在泵腔内，流体的动能（流速）变成势能（压力），扩散方向的效率大于喷嘴方向，从而传导更多的流体。

【例 4-43】　旋转微泵。

图 4-57（a）为电磁致动的喷射型旋转泵的原理图，图 4-57（b）为其横截面图。带磁线圈的定子和中心的管脚用高导磁率的电镀合金制成，直径为 500μm 的转子在另一硅

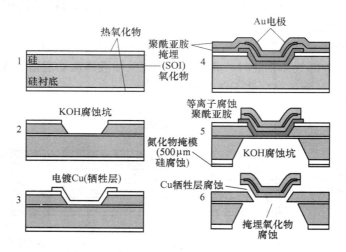

图 4-55　静电控制气动阀的加工工艺简图

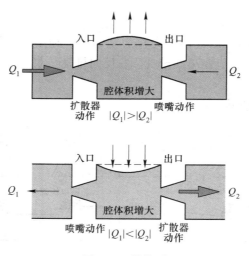

图 4-56　扩散泵

片上独立制造，然后手工组装。

在驱动电压小于 3V，电流为 200~500mA 的功率（0.6~1.5W）下，转速为 5000r/min，流速为 400μL/min，获得压差为 10kPa。

【例 4-44】　微齿轮泵。

图 4-58 所示为用 LIGA 工艺制成的磁驱动内嵌式齿轮泵，其中一个齿轮内置用于磁驱动的电镀 NiFe 棒，外部旋转的永磁铁提供驱动动力。泵通常都是自动充满的，流体沿齿轮在泵穴中流动，被旋转的齿轮泵出，由于一对齿轮紧密啮合，泄漏很低。

【例 4-45】　微喷嘴。

图 4-59 所示为静电（或外部压电）致动的气体喷嘴的工艺过程（图 4-59（a））以及工作原理（图 4-59（b））。其基本原理为：利用流动边界的流体不稳定性，用微喷嘴中喷出的少量动力控制较多能量，从而达到使用微器件实现对宏观流体流动的控制。

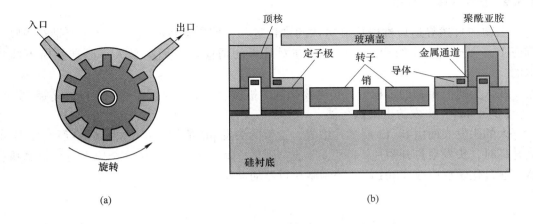

图 4-57　电磁致动喷射型旋转泵

（a）原理图；（b）横截面图

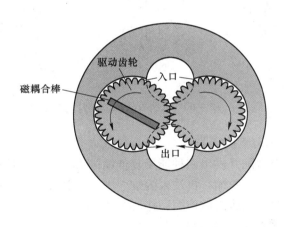

图 4-58　磁驱动内嵌式齿轮泵

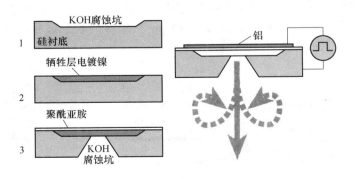

图 4-59　气体微喷嘴

4.3.9　仿生式微执行器

生物在自然界适应性的优胜劣汰的进化过程，使它的各种运动器官无论是对激励的响应上、在控制动作的能力上，还是在对外界的适应性方面都是人工制造物所不能比拟的。

在人类研究生物的过程中，仿生物来制造机械、制造微执行器是一条好的途径。

【例 4-46】　头发仿生微执行器。

人的头发表面由 6~12 层鳞片组成，正常的头发 pH 值约为 4。如图 4-60 所示，当 pH 值升高时，头发会打开鳞片；降低 pH 值，则鳞片就会闭合。利用这个原理可设计微执行器，通过化学反应改变 pH 值来控制微执行器的动作。

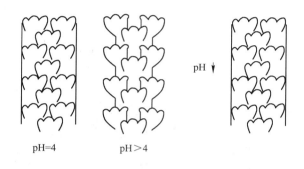

图 4-60　人头发表面的鳞片结构

【例 4-47】　人工肌肉微执行器。

日本通产省工业技术院开发出一种能反复伸缩的人工肌肉：让聚乙烯醇高分子凝胶中产生一点空间，注入水使其收缩；再注入丙酮，则可使其伸展。就这样通过交替注入水和丙酮，可控制凝胶模拟人类肌肉做伸缩动作。

【例 4-48】　神经系统的穿透探针。

探针的目的是为了记录来自大脑皮层的神经信号，并对神经细胞进行检测或激励，刺激大脑的某些部位，代替损坏的身体机能。图 4-61 所示是探针的俯视图，图 4-62 是密歇根探针的基本加工工艺。在硅衬底进行约 $15\mu m$ 的深硼扩散，获得探针的整体形状，用 EDP 腐蚀使探针与衬底分离。

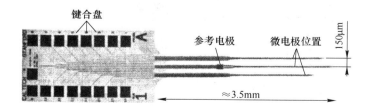

图 4-61　神经系统穿透探针的俯视图

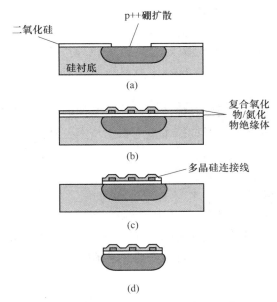

图 4-62　密歇根探针的基本加工工艺

（a）衬底的选择性扩散；（b）图形化沉积和导体的绝缘；
（c）绝缘体图形化和记录点的金属化；（d）晶片在 EDP 中溶解

4.4　微处理器（微控制器）

　　微机电系统中微处理器起着重要的中枢作用。它必须将微传感器接收的信号，进行放大、补偿、滤波、A/D、D/A 变换等，经过信息的分析处理，转换成微执行器可接收的操作指令，控制制动元器件执行任务。

　　微处理器不仅需要完成信息处理的任务，而且要从整个系统的角度出发保证信号从产生、获取、处理到传送指令、控制动作等整套功能的可靠实现。

　　各种不同原理的微传感器及微执行器必须有不同的信号处理技术，但必须同时满足下列要求：

　　（1）高信噪比放大；

　　（2）低功耗；

　　（3）低热效应；

　　（4）低电源干扰。

　　因为微处理器除微/宏接口外，从设计原理、材料到加工（集成电路），与传统处理器无太大的不同，不再多介绍。

4.5　微动力源（微能源）

　　能源是微机电系统中的基本部分。对于微能源技术的开发、利用是十分迫切的。微机电系统需要的微小能源有如下特点：微型化、高效率、高密度。在微型机械中，由于结构的微型化及应用场合的不同，能源提供方式发生了较大改变，由用导线进行电能传输的方式向无线传输、向多种形式的能量传输转化。例如，利用电磁感应原理或微波原理进行非接触式电能传输，利用热辐射、热传导原理进行热能传输，利用半导体的光电效应进行光能传输，利用生化能的生化燃料电池，利用化学反应产生的化学能等的能源提供技术等。

微机电系统的能源技术主要涉及能源转换、能源传输和能源储存。下面介绍几种微能源技术：电能技术，热能技术，光能技术，生物能技术，机械能技术和化学能技术。

4.5.1 电能技术

4.5.1.1 电能传输
电能传输分有线和无线传输，采用有线传输的方式方便、简单，但需要考虑：（1）导线细，容易产生热量造成电能损耗；（2）微机电系统体积小，导线细，结合处容易受外力影响；（3）有时受运动空间和条件的限制。所以更多的场合采用无线传输的方式。

A 电磁感应传输

电磁感应传输是根据电磁感应原理，利用一次线圈中的交流电流，在二次线圈中产生电能，实现非接触式的电能传输。传输效率为 0.065%～0.09%，需要进一步提高。用电磁感应传输可为进入生物体内的微机器人提供能量。

B 微波传输

微波传输是将经过调制和放大的微波信号通过发射天线向空间发射，由接收天线接收并通过信号解调、分离单元及能量转换单元获得能量和信号，实现非接触式的电能传输。传输效率为 10%左右，也需进一步提高。用微波传输方式可为在微细管道内工作的微机器人提供能量。

4.5.1.2 电能储存

A 微电池

微电池主要由固体离子导体（离子体材料、超导材料和弱有机材料）组成，有不可充电的锂电池和氧化银电池，可充电的镍镉电池、锂离子电池和镍氢电池等。目前已开发出厚度为 0.5mm 的纸状锂电池。微电池的能量密度约为 20～50Wh/kg，储存效率为 70%～80%。

B 电场储存

电场储存主要是利用电容储存电能，能量密度约为 0.6Wh/kg，储存效率为 90%。

C 磁场储存

磁场储存一般是利用线圈之间的电磁感应所产生的电动势在磁场上储存电能，能量密度约为 0.6Wh/kg，储存效率为 80%～90%。

4.5.2 其他能量技术

4.5.2.1 热能技术
热能是需要转化成其他形式的能量再来利用的。热一般是靠辐射、传导、对流来传输能量的。在微机电系统中使用热能源时，其放置的位置是个很重要的问题，若直接设置在系统中与结构接触，则会使结构产生热变形，这是不容许的。因此可以将热源放在微机电系统动作环境的周围，通过辐射，由环境的热平衡技术来使用热能；或者在微机电系统的工作场所，利用热传导方式得到热能。所以需要解决的是设计制作一个输出大、转化效率高的机构。

4.5.2.2 光能技术

光电池是一种很有应用前途的能源，它利用半导体的光电效应产生能量。光电池可利用阳光、荧光或灯光，但只有在光照射时才会产生能量，所以没有储存功能，而且能量转换效率很低，只有10%左右。

4.5.2.3 生化能技术

生化燃料电池是生化能技术的一个重要的发展方向。生化燃料电池是利用血液中的葡萄糖及氧气作为燃料，可以在生物体内工作，但技术的可行性还需要进一步研究。

利用植物的光合作用产生能量，也是生化能技术。在光合反应中心进行光能的吸收，会有电荷分离，电子的移动是单方向进行的。其光电转化的效率在95%以上。

4.5.2.4 机械能技术

机械能是与"功"直接联系在一起的能量，它要通过活动结构做功，例如利用位置变化、变形来产生位能。利用机械能作能源的关键之一是设计微机电系统时，要注意设计好能接受（能利用）机械能的结构。

机械能的储存可利用气压、液压、惯性、弹性变形等方法，但都必须在一个机构中完成。利用机械能作能源的关键之二是开发出防止能量损失，从根本上提高能量利用率的机构。

4.5.2.5 化学能技术

目前化学能使用较多，一是因为可利用的化学反应原理很多，根据使用的环境条件，选择的可能性大；二是利用化学反应容易获取所需的能量；三是化学反应前的物质很容易保存。

复习思考题

4-1 微机电系统主要由哪几部分组成？并简要说明。

4-2 举例说明微机电系统的微传感器和微执行器的工作原理。

4-3 列举几种你所知道的 MEMS 微传感器，并简述其用途。

4-4 列举几种你所知道的 MEMS 微执行器，并简述其用途。

5 ◆ **MEMS 中的摩擦学**

本章主要研究微机电系统中的摩擦学，介绍了 MEMS 系统中的摩擦学问题，以及 MEMS 系统摩擦分析方法和 MEMS 系统的摩擦学设计。

5.1 MEMS 系统中的摩擦学问题

MEMS 系统的特征尺寸通常在微纳米量级，由于表面效应和尺寸效应的存在，会使得 MEMS 中以黏着力和摩擦力为代表的表面力相对体积力增加近千倍，进而导致 MEMS 系统可能会产生严重的黏着、摩擦和磨损问题，影响 MEMS 零部件的使用性能和寿命，因此在 MEMS 系统中摩擦学的研究也非常关键。

图 5-1（a）所示为 1989 年研制的世界上第一静电微马达，其转子直径为 120μm，转子与定子之间的间隙仅为 2μm，连续转速能够达到 100000r/min。在其制造和运转过程中，转子和定子以及转子和轮毂之间不可避免地出现黏着和磨损问题。图 5-1（b）所示为 2001 年研制的蜗轮微马达，其转子速度极高，可以达到 10^6r/min，运动过程中流体难免会对叶片造成冲蚀磨损。图 5-2 显示了不同材料齿轮系统中的微观磨损问题，其中图 5-2（a）为多晶硅微齿轮系统，图 5-2（b）为 Ni-Fe 金属材料制备的微齿轮系统。在微齿轮系统中，即使传递到轮齿上的扭矩很小（nN·m 量级），但由于轮齿尺寸较小，其承受的弯应力也相对较大，因此轮齿接触区的断裂和磨损是非常值得关注的问题。

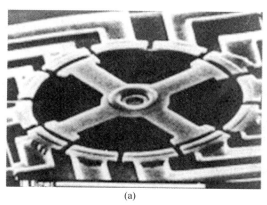
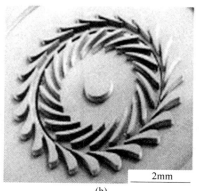

(a)　　　　　　　　　　　　　　　　(b)

图 5-1　静电微马达（a）和蜗轮微马达（b）

由于表面效应和尺寸效应的影响，MEMS 系统中微器件间的摩擦行为将会与宏观条件下的摩擦学行为不同。微观尺寸下，由于表面效应引起的黏着行为将会对接触表面间的摩

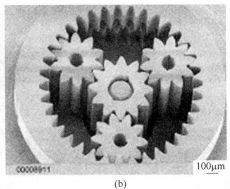

(a)　　　　　　　　　　　　　　(b)

图 5-2　多晶硅微齿轮系统（a）和 Ni-Fe 金属材料制备的微齿轮系统（b）的磨损问题

擦特性产生重要的影响。MEMS 系统中黏着问题是影响限制其长期可靠运行的关键因素之一。

　　MEMS 系统中产生黏着的因素很多，例如毛细力、静电力、范德华力、氢键作用力以及其他类型的化学力等。MEMS 的黏着问题主要可以分为两类：能量释放引起的黏着和使用中接触或变形引起的黏着。在 MEMS 系统制造的过程中，当微结构表面的牺牲层除去以后，由于能量的释放将引起界面黏着。使用过程中产生的黏着主要发生在空气湿度较大的环境中。

　　MEMS 系统制造的过程中，界面间的黏着问题可能导致器件的直接破坏以及系统的失效。由于基底较强的表面力引起的微悬臂梁黏着失效的照片如图 5-3 所示。图 5-4 所示为微加速计中两个梳状电路部件之间黏着照片，微加速计是利用电极测量质量块在加速度下产生的偏移量来换算最终的加速度，当梳状结构之间发生黏着问题时会导致梳状部件的损伤，甚至整个系统失效。

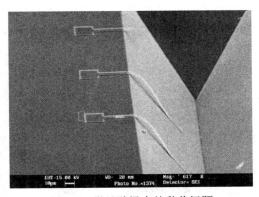

图 5-3　微悬臂梁中的黏着问题

　　同时很多已经商业化的 MEMS 系统在使用过程中也存在着大量黏着失效的问题，例如射频开关，如图 5-5 所示。射频开关是利用弹性悬臂与触点接触和脱离来实现开关，由于触点部位存在严重的黏着和疲劳磨损，当悬臂的弹性恢复力小于接触表面的黏着力时开关将会失效。

　　MEMS 系统运行过程中，由于机械振动等原因，微零部件的配合面会因为交变力的存

图 5-4　微加速器中梳状结构的黏着问题

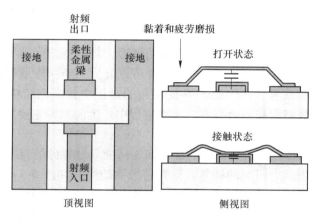

图 5-5　射频开关中的黏着问题

在而产生微观磨损，例如轮轴配合面和销连接面等，微观磨损会致使这些配合面处发生材料的变形和去除，进而导致零部件的失效，缩短整个系统的使用寿命。图 5-6 是一多晶硅

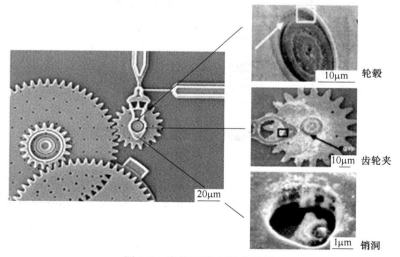

图 5-6　齿轮系统中微观磨损

微齿轮减速系统，图中给出了硅材料微齿轮系统各零部件在高速运转后的磨损情况，结果显示在齿轮和轴、轴和销以及齿轮配合面均出现了严重的微观磨损情况。

商业使用的电容型微加速器计中同样存在着摩擦学问题。该微器件的结构如图 5-7 所示，中间的悬浮质量块被周围四个弹簧结构支撑着，质量块在四个方向上集成有悬臂梁电极（尺寸大约为 125μm 长，3μm 宽）与定片电极呈梳齿交叉，两者之间的间隙约为 1.3μm，当中心质量块的移动将会导致两个电极间的电容发生改变，通过测量电容的改变来表征加速度。在该加速器中质量块与基底以及梳齿状电极间若发生黏着，则对加速计的运行都是有害的，同时这些梳状电极的黏着接触也会造成微观的磨损问题。

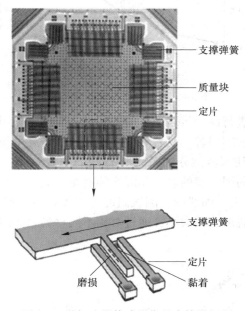

图 5-7　微加速器传感器中的摩擦学问题

5.2　MEMS 系统摩擦分析方法

由于 MEMS 系统中零部件的尺寸较小，其摩擦学现象需要采用精密的测量仪器，例如原子力显微镜（AFM）、摩擦力显微镜（FFM）等，同时也发展了两种 MEMS 原位摩擦测量方法：板式摩擦力测量法和侧壁摩擦力测量法。MEMS 系统中微摩擦学研究也可以采用仿真模拟的分析手段，例如分子动力学模拟等。

在微观摩擦学中，经典的 Amontons 公式中的摩擦系数与接触面积和载荷无关的结论不再符合。纳米磨损的测量与宏观磨损测量不同，根据失重来测量磨损的方法不能用于表示纳米的磨损量。对于微观磨损而言，可以采用极限磨损次数或者磨损深度来表明材料或涂层的耐磨损特性。对于光滑表面而言，可以采用表面磨损高度的变化确定磨损深度，进而表征材料抗磨损特性；对于粗糙表面而言，可以采用去除一定厚度所需的极限磨损次数来衡量其抗磨损性能。

Jiang 等通过实验研究了探针的载荷、磨损次数、横向步进距离以及纵向滑动深度对

88

磨损深度的影响。由于试样表面非常光滑，因此研究分析采用磨损深度来表征抗磨性能。实验采用的对磨材料分别为金刚石探针和镀有 800nm 厚度金膜的硅片。图 5-8 给出了滑动速度 3.06μm/s、步进距离 30nm 条件下，载荷对磨损深度影响的实验结果。

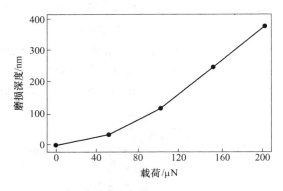

图 5-8　载荷与磨损深度的关系

　　原子力显微镜不仅可进行高分辨表面形貌的测量，同时也可用于研究探针与试样表面之间的微纳摩擦力、黏着和磨损等。黏着效应在微观摩擦研究中很重要，采用原子力显微镜的"力距离"曲线可以用来测试分析探针-试样间的黏着效应。材料表面的黏着效应与材料性质、工况条件以及周围环境的温度和湿度等密切相关。图 5-9 给出了采用硅探针测试云母表面的距离-力（电压）曲线图，测试温度为 23℃，相对湿度为 46%。图中探针跳跃阶段电压的变化反映了脱离力的大小，通过对比不同材料表面的脱离力大小可表征其黏着效应的强弱。

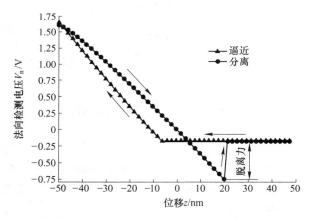

图 5-9　硅探针云母距离-力（电压）曲线

　　采用原子力显微镜进行微观磨损研究，主要包括扫描划痕和线划痕两种模式，如图 5-10 所示。这两种方式各有优缺点：对于扫描划痕方法而言，其容易将探针的针尖磨钝；而线划痕方法则需要针尖定位精确。

　　Bhushan 等人采用原子力显微镜研究了 Si（111）表面的划痕磨损情况，结果如图 5-11所示。实验采用的金刚石探针的曲率半径为 100nm，结果显示，划痕深度随载荷增加而增加，与宏观磨损一致，但是在一定载荷条件下，划痕深度与探针扫描速度无关，且几

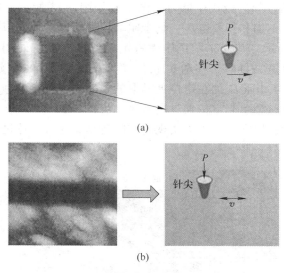

图 5-10　微磨损的两种形式

（a）扫描划痕；（b）线划痕

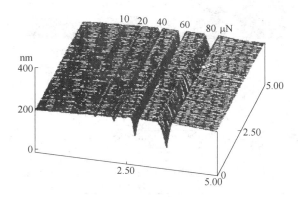

图 5-11　Si（111）表面的微磨损情况

乎不受硅表面晶体取向的影响。

　　Ruan 和 Bushan 利用摩擦力显微镜 FFM，对高定向热解石墨新劈开的表面进行滑动摩擦测试，如图 5-12 所示。研究显示，FFM 测量得到的摩擦力变化与表面形貌相互对应，但是摩擦力变化峰值位置相对表面形貌的峰值位置具有一定的偏移。

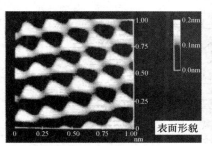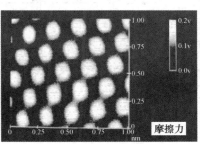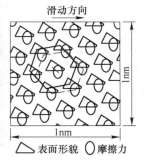

图 5-12　高定向热解石微观摩擦图

用于实现 MEMS 器件间的板式摩擦力测试系统如图 5-13 所示，该装置由美国 Sandia 国家实验室制备。通过施加和释放电压，纳米驱动器就可以实现完成往复循环移动。具体的工作过程如图 5-14 所示，首先采用正压力将定位夹具固定住（图 5-14（a）），然后驱动板通过静电驱动使轨道夹具向右移动 δ_x 的距离（图 5-14（b）），进一步在这个新的位置将轨道夹具给固定住，并将施加在定位夹具上的力撤去（图 5-14（c）），同样将施加在驱动板上的力去除，此时会引起定位夹具向右移动（图 5-14（d））。重复上述步骤可以实现连续多步的向右运动；反之，则可以实现向左的运动。通过上述过程可以实现摩擦系数的测试。

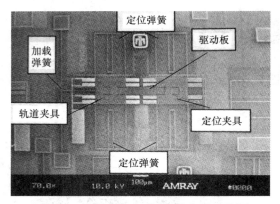

图 5-13　板式摩擦力测试系统扫描电镜图

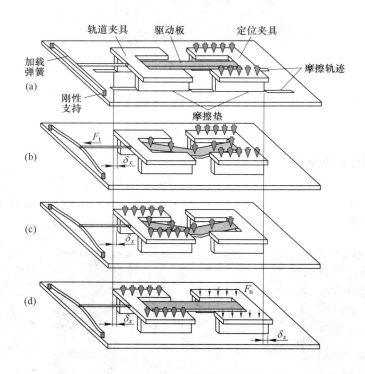

图 5-14　板式摩擦力测试系统的测试过程

另外，Sandia 实验室还测试了 MEMS 中的侧壁摩擦学问题，如图 5-15 所示。该系统由两个梳状执行元件组成，两者相互垂直且通过横梁连接在一起。当在右边的梳状执行元件施加电压时，可以使横梁移动靠在基底表面的柱子上，同时下方的梳状执行元件使其发生往复移动（如图 5-15 中左图所示），进而实现侧壁摩擦系数的测试。

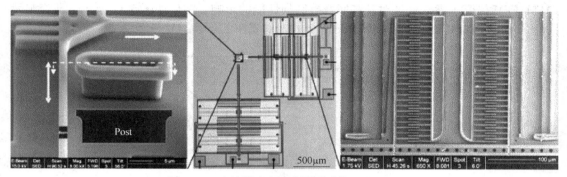

图 5-15　硅基侧壁摩擦力测试系统（Sandia）

同时 Yu 等也采用自制的 MEMS 系统实现了侧壁摩擦系数的测试，结构如图 5-16 所示。与 Sandia 系统不同的是，该装置是利用连接轴的转动实现运动元件的往复移动。作者利用该系统测试了润滑剂对侧壁摩擦系数的影响，结果显示，润滑剂可以将侧壁静摩擦系数从 1.85 降低至 1.23。

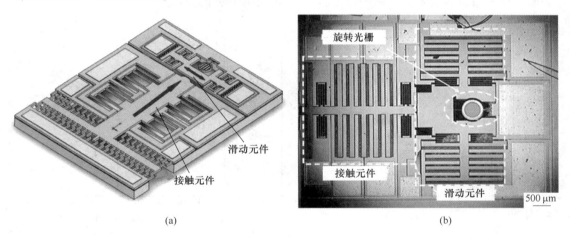

(a)　　　　　　　　　　　　　　　　(b)

图 5-16　侧壁摩擦力测试系统

5.3　MEMS 系统的摩擦学设计

MEMS 系统机械零部件接触时的相互作用力较小，几乎不对表面力学性能产生影响。与宏观尺寸的机械构件相比，MEMS 系统的中表面效应对其摩擦学性能的影响将占据主导地位，表面力和表面黏着能是产生黏着和变形的主要原因，因此控制 MEMS 系统的表面性质是改善其摩擦性能、降低磨损、提高稳定运行能力的有效途径。

为了改善单晶硅材料的微观磨损特性，研究者们在基底表面制备各种超薄的耐磨涂层，例如氧化钛、三氧化二铝、类金刚石膜以及碳氮涂层等。同时也可以利用润滑薄膜，例如聚四氟乙烯润滑薄膜，以及自组装分子膜来改善微零部件间的黏着、摩擦和磨损等。

　　材料改进技术包括化学热处理（渗碳、渗氮、渗金属等）、表面涂层（低压等离子喷涂、低压电弧喷涂）、激光重熔复合等薄膜镀层（物理化学气相沉积）等。Bhushan 采用 AFM/FFM 研究了渗碳处理对硅基底摩擦磨损性能的影响，结果如图 5-17 所示，研究显示碳离子注入可以提高其耐磨损性能，尤其在高载荷下。

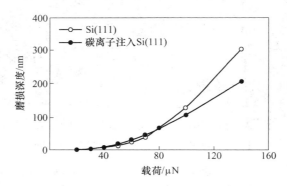

图 5-17　Si（111）和碳离子注入 Si（111）在不同载荷下的磨损深度

　　Jacoby 等研究了对碳氮涂层对 CN$_x$ 薄膜微观磨损的影响，结果如图 5-18 所示。研究表明，含氮量越少或室温下薄膜厚度越大，薄膜的耐磨性能越好。

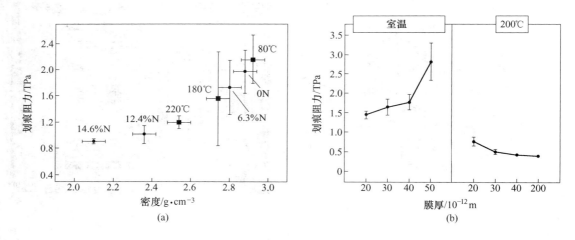

图 5-18　含氮量（a）以及膜厚（b）对薄膜微观磨损性能的影响

　　Chen 等利用原子力显微镜测试了类金刚石膜（diamond-like carbon，DLC）对 MEMS 磨损的防护。实验采用的基底材料分别为单晶硅和镀有 2nm 厚 DLC 薄膜的单晶硅，探针为二氧化硅探针，环境条件分别为真空和大气环境。研究显示，DLC 薄膜可以有效地提高硅基材料的耐磨性，且在大气环境下，DLC 膜可以有效地抑制摩擦副化学反应的发生，保护单晶硅基体不被磨损。Marino 等进一步研究了乙醇蒸气环境下 DLC 膜对基底磨损的防护，发现乙醇蒸气能够屏蔽 DLC 薄膜表面的氧化磨损，进一步降低了表面的磨损作用。

　　材料的表面能对接触面的摩擦性能也具有重要影响。通过表面改性可以实现表面的超疏水特性，超疏水表面通常具有较低的表面能，范德华力也较小，因此可以避免弯月面形成所带来表面张力的影响。Yu 等人采用原子力显微镜研究了不同浸润性单晶硅表面与二氧化硅探针之间黏着力的变化情况，研究显示在大气环境下随着单晶硅表面的亲水性增加，其黏着力也会不同程度地增加；在真空环境下，表面亲水性对黏着力影响的幅值会降低。这是因为在大气环境中，不同亲疏水表面吸附水膜的厚度不同，被测表面越亲水，水膜越厚，毛细力越强，黏着力越大；而真空环境中较难形成水膜，所以表面浸润性对黏着力的影响会降低。

利用自组装单分子膜和多层膜等超薄膜润滑也可以有效地降低 MEMS 中的摩擦磨损。例如，磁头-磁盘机构通常会在磁介质表面制备一层耐磨损膜和一层润滑薄膜来改善其摩擦磨损性能。单分子有序自组装膜和 LB 膜在磁头磁盘系统的润滑中已经得到了应用。

通过磨损区域接触表面的微纳几何结构以及减少接触面积，也可以对微观摩擦磨损进行抑制，从而达到减磨耐磨的目的。环境湿度对 MEMS 器件的摩擦磨损也具有重要影响。Yu 等采用原子力显微镜研究了硅/二氧化硅在不同湿度条件下的摩擦磨损实验，结果显示，摩擦力和磨损会随着环境相对湿度的增加而增加或加剧。

环境气氛也是影响 MEMS 材料摩擦磨损的一个重要因素。Asay 等研究了 MEMS 在醇类蒸气环境下的磨损失效，研究表明，戊醇蒸气可以有效地抑制 MSMS 的磨损并延长其使用寿命。Barnette 等人采用销/盘试验机研究了环境气氛对二氧化硅摩擦磨损性能的影响，实验采用的气氛分别为高纯氩气、含水蒸气的潮湿氩气和含有正戊醇蒸气的氩气。结果显示，仅改变环境气氛时，正戊醇蒸气条件下磨损最为轻微，高纯和潮湿的氩气条件下均有明显磨损，且潮湿的氩气环境下磨损更为严重。

复习思考题

5-1 简述 MEMS 系统中的主要摩擦学问题。

5-2 MEMS 系统如何进行摩擦学分析和设计？

6 微机电系统的设计

本章主要研究微机电系统的设计，微机电系统设计的三个主要任务是：（1）工艺流程设计；（2）机电和结构设计；（3）包括封装和测试在内的设计验证。简单介绍了微机电系统设计的目的、设计的流程、设计的方法和设计的关键技术，尺度效应对设计的影响，设计建模的要求和步骤，微结构的力学分析和设计，微结构分析时应考虑的因素。主要介绍了适合微机电系统设计的柔顺机构，平面柔性铰链和微铰链。最后介绍了MEMS CAD。

6.1 概　述

微机电系统的设计及其建模是微机电系统研究中十分重要的内容。针对不同的设计目的，设计时需要考虑不同的因素；而建模则是设计过程中的关键，不同级别的建模需要使用不同的数学工具。微系统有两个显著的特点：一是尺度效应所带来的微科学问题（微材料学、微力学、微摩擦学、微制造学、微电子学、微光学、微化学等）；二是多能域耦合所导致的多学科交叉问题（机、电、磁、热、光、声、化学、生物等功能的集成与信息的多重耦合），所以，在对模型进行分析时，要注意微系统的特点，如尺度效应等。

微机电系统的设计一般包括概念设计、基本设计、详细设计以及计算机辅助设计和仿真等。一般先通过前期设计，然后在实验室研制出试件，对试件的功能进行测试，再对其不足之处（设计上的或工艺上的）加以改进（有时需重新设计）。为了降低成本、节约时间、优化设计参数，往往需用计算机做仿真设计和计算。一个成功的设计，上述过程往往需要反复多次。

微机电系统设计和其他产品在机械工程设计上的主要区别是：微机电系统的设计需要集成相关的制造和加工工艺。微机电系统设计的三个主要任务是：（1）工艺流程设计；（2）机电和结构设计；（3）包括封装和测试在内的设计验证。微机电系统设计中材料的选择也比常规产品材料的选择要复杂，需要考虑系统基本结构的材料以及工艺流程中的材料。

6.1.1 微机电系统设计的目的

对微型机械进行设计前，必须先了解该设计的目的，因为这决定着人们将采用什么样的设计方法去设计其组件或系统。

美国学者 Stephen D. Senturia 将设计目的分为三类：

（1）作为技术探索而设计的组件或系统。一般是为了验证研究者的某种设计思想，测试某种制作工艺的合理性与局限性，因此，只需制作少量的试样就够了。

（2）作为仪器研发而设计的组件或系统。设计的设备将用于完成某种科研活动或某种高度专业化的任务，对这种目的的设计，必须注意仪器、设备的准确性，而对产品需求的数量可视具体情况而定。

（3）作为商业产品而设计的组件或系统。设计的产品将用于商业化的生产和销售，对产品需求的数量及产品的准确性和精密度，可按市场的要求而定。

针对以上目的，需要考虑的因素见表 6-1。表中"+"号代表该因素的重要程度。

表 6-1　需要考虑的几个因素

分类	市场需求	创新性和显示度	竞争力	是否掌握相关制作技术	制造成本
技术探索		+ +		+ + +	
仪器研发	+ +	+ +	+	+ + +	+ +
商业产品	+ + +	+ + +	+ + +	+ + +	+ + +

6.1.2　微机电系统设计流程

微机电系统设计的流程如图 6-1 所示，主要包括：（1）设计约束；（2）材料选择；（3）制造工艺选择；（4）信号转换选择；（5）机电设计；（6）产品的封装。

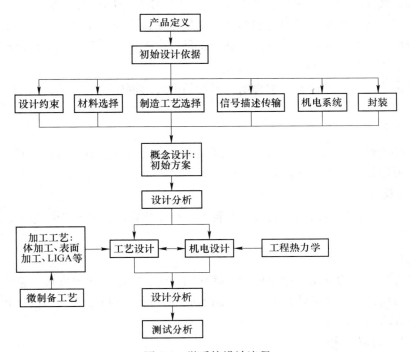

图 6-1　微系统设计流程

6.1.2.1　设计约束

设计约束根据具体情况而定，很多约束与产品的市场相关，是非技术的，主要有客户需求、进入市场时间、环境条件（涉及三个关键条件：热、力学和化学）、物理尺寸和重量限制（包括在产品性能指标中，影响产品的整体外形，并限制一些关键参数）、应用（微系统是一次性使用还是重复使用）、制造设备以及成本考虑等。

A　用户需求

用户需求包括产品设计任务书中不包含的特殊需要，包括微器件在特殊环境下须具备的某些特殊性能。不难想象，对于微器件，例如传感器或致动器，安装在儿童玩具中与安装在成人的办公室或实验室中，对安全性和操作便捷性的考虑有着很大的不同。

B　上市时间

大多数高技术产品是面向市场的，且随着技术发展市场空间趋于狭窄，因此这一因素至关重要。产品的市场空间的缩小加剧了竞争。微系统产品需要及时占领市场扩大利润。上市时间通常指工程师设计生产产品所需的时间。从本章开头所谈到的设计过程的复杂性来看，针对微系统的专用的 CAD 软件包是缩短上市时间这一问题的有效手段。在本章6.6 节将对 CAD 在 MEMS 中的设计中的应用加以介绍。

C　环境因素

三个关键的环境因素是热、力和化学。在温度不断上升的环境下工作的器件尤其应注意热应力和应变、材料损耗、信号传递的衰减。用于检测内燃机中缸体内压力的微压力传感器显然比用于汽车轮胎内的同类传感器在设计中需要进行更复杂、完善的分析，并需更严格地选择材料。受力条件与微系统机械支撑的稳定性有关。支撑系统的振动会导致连接处的松动和电线头的脱落。最后，化学工作媒介可损坏 MEMS 和封装材料。化学元素和流体中的空气会导致接触面的氧化和腐蚀。空气也是微光电网络系统中微开关中产生摩擦阻力的主要原因。如果系统的设计和制造不正确，会产生微泵或微阀中流体的阻塞。

D　尺寸和重量的限制

这些约束通常在设计任务书中提出，对产品的外形产生影响，继而限制一些关联的设计参数。

E　应用

设计时必须确定微系统是一次性的，还是需重复使用的。如为后者，则需进行产品寿命设计，并考虑元件可能产生的蠕变和疲劳失效。

F　制造设备

设备与产品的制造方法选择有关。具备产品加工所需的设备对于缩短上市时间及降低成本至关重要。

G　成本

这一因素是设计的方向。在市场竞争激烈的今天，产品的成本直接关系到其销路。在产品设计的初期，工程师应认真地进行产品的成本分析，这将成为例如材料和加工方法等诸多设计参数的约束条件。

6.1.2.2　材料选择

主要基底材料有两类：（1）仅用于支撑的钝性基底材料，包括聚合物、塑料、陶瓷等；（2）活性基底材料，如硅、砷化镓、石英等，在微系统中用于传感或致动部件中。

其他硅基底有二氧化硅、碳化硅、氮化硅、多晶硅等，封装材料有陶瓷（氧化铝、碳化硅）、玻璃（耐热玻璃、石英）、黏结剂（焊接合金、环氧树脂、硅橡胶）、引线

（金、银、铝、铜、钨）、端板和外壳（塑料、铝、不锈钢）、芯片保护装置（硅酮凝胶、硅油）。

6.1.2.3　制造工艺选择

制造工艺有体硅微制造、表面微加工、LIGA 和 SLIGA 及其他高深宽比工艺，其中体硅微制造成本最低，LIGA 和 SLIGA 及其他高深宽比工艺在三种制造技术中最适合大规模生产，但是成本也最高。

6.1.2.4　信号转换选择（信号转换方式的选择）

对微传感器和致动器，信号转换都是必不可少的，都需要将化学、光、热或机械能以及 MEMS 部件的其他物理行为转换成电信号，或反向转换。这些信号的转换如图 6-2 所示。

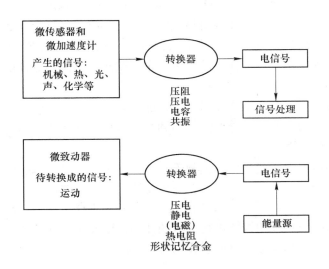

图 6-2　微系统信号转换的选择

信号的转换在微传感器和微致动器中都十分重要。无论是传感还是致动，都要在 MEMS 组件的化学能、光能、热能和机械能与电能之间相互转换信号。图 6-2 对信号的转换作出了图解说明。从中可以看到用于各种微器件的信号转换形式。

以下对各种信号转换技术加以简要介绍。工程师可根据所设计产品的需要选择最适合的信号转换方式。信号转换设计中另一关键问题是信号的描述，包括对转换器和电路的最佳位置的考虑。

（1）压阻。硅压阻器件以其尺寸小、敏感度高的优点而广泛用于微传感器中。除硅以外的材料，如砷化镓和聚合物的压阻器可制作在衬底上。压阻器件的缺点在于需严格地对沉积工艺进行控制才能保证压阻器件的良好质量，更不利的是其电阻率对温度的依赖性过强，随温度升高压阻器件的敏感性急剧下降。实际应用中，应在信号处理时进行温度补偿。

（2）压电。压电材料由晶体构成。常见的压电晶体如 PZT 晶体主要用于位移转换和加速度计，钛酸钡用于微加速度计中的信号转换，石英晶体用于振荡器的超声波信号转换。大多数压电材料都是脆性的，这些材料应采用专门的封装手段以避免脆性破坏。应用压电材料的两个主要问题是尺寸和可加工性。压电方式适用于加速度计中对动力或冲击力等瞬时力进行测量，这时由于持续压电动作会导致晶体过热从而影响转换能力。PZT晶体具有高压电系数，因此它是工业中最常用的压电材料。

（3）电容。因电极间隙与输出电压间的输入/输出关系的非线性，需要对输出信号作出专门的误差补偿。此法也需在微系统中占较大的空间，这是由于输出电容与电容器平行极板的重叠面积成正比。

（4）共振。利用共振的信号转换工作原理这一技术可使微压力传感器中的信号转换具有更高的分辨率和精度，但因其制造工艺复杂（例如微压力传感器制造中，采用熔融键合将硅梁固定在衬底上的工艺），在其他微器件中的应用受到了限制。另外，振动元件对空间的需求也是这一方式的缺陷。

（5）热电阻。这一技术已广泛应用于微阀和微泵等微致动器件中。这一技术更为简单、直接。然而，热致动元件的惯性对热控制精度的影响会降低致动器响应的及时性。同时，热元件与工作介质的接触会引起热交换，进而改变微器件（例如微阀）中工作介质的流型。因此，这项技术在微流体系统中有严重的缺陷，热传递流体的密封会引起封装和微系统操作的问题。

（6）形状记忆合金。形状记忆合金与热电阻组合使用，是一种良好的致动材料。其缺点是不易获取，且因对温度敏感而不易精确控制变形（见第3章）。

6.1.2.5　机电设计

在没有电源的情况下，任何微系统都无法工作。电源提供电流、保持电压，为致动器提供电流，是系统密不可分的一部分。在微传感器中，转换器产生的电信号需要引到器件外面，以使用适当的电子系统进行调节和处理。无论选定什么样的产品电子系统，都需要对连接机械动作和电子系统的接口进行初步的评估，以便确定这一产品。例如，在压力传感器设计中，压敏电阻和连接电路的引线图形都要沉积在硅芯片表面。

6.1.2.6　产品的封装

微压力传感器的封装中，如果采用简单的塑料封装，封装成本可以低到占整个器件成本的20%；但如果对特殊用途单元采用复杂的钝化和不锈钢或钨外壳进行封装，封装成本可占总成本的95%。因为设计参数会影响到封装，所以在设计规程的早期就要考虑封装，且应在设计前期对影响封装的设计参数加以考虑。设计师需对以下影响产品封装的主要因素加以考虑：（1）硅片钝化；（2）介质防护；（3）系统防护；（4）电路连接；（5）电路界面；（6）机电隔离；（7）信号调节处理；（8）机械连接（阳极键合、TIG焊接、黏接等）；（9）隧穿和薄膜剥落；（10）系统装配方案和程序；（11）产品可靠性和性能测试。

6.1.3　微机电系统设计方法

一个微机电系统是由微机械元件、微电子器件以及微光学器件等构成。由于制造、试验和样机改进花费的时间太长，费用太高；所需要的测试设备一般都很复杂，价格昂贵；集成和微型化必须经常要考虑横向灵敏度和交叉效应，所以按照传统的实验—发现问题—修改的模式来进行微机电系统产品的研制是不可取的。

目前，在微机电系统设计中，主要有以下几种设计方法：

（1）自底向上设计（bottom-up）。这种设计以元件设计开始（例如传感器元件），将元件构成功能模块（例如一些传感器阵列），然后再把更多的功能模块（传感器阵列，致动器阵列和微处理器等）组合成系统。其优点是仿真、设计费用较少，因为可以把组合在一起的元件或功能模块看作是一个黑箱，因此可以对它的"阶跃响应特性"进行测试，或进行分析计算；缺点是既不能对所组成的系统的功能进行优化，也不能对其经济性进行优化。因为尽管根据预定的任务可以对每一个元件进行优化，例如，一个传感器对所进行的测试具有一个很高的灵敏度，但这并不意味着它可以始终对总系统是最优的，也许会由于元件之间的互相影响（例如通过电磁或热耦合）恰恰影响了预定的总系统的效果（即总系统高的测试精度）。

（2）自顶向下方法（top-down）。首先是确定系统的技术条件，其次是功能模块的技术条件，最后是元件的技术条件。

目前设计人员基本上还是从微机电系统所涉及的机械学、热动力学、光学、声学、化学和生物化学上来进行考虑，由于在设计时涉及多学科的问题，目前在计算能力和仿真建模上，还不能满足总体的要求。

（3）中间相遇的方法（meet-in-the-middle）。由于前两种方法都存在一定的问题，经过研究，德国的科技人员提出了一种被认为是在微系统设计中唯一可行的方法，即中间相遇的方法。

利用宏观模型，即利用元件的简化模型来进行研究，只要这些模型描述不同物理状态中的特性，就能够在系统平面上进行花费合理的仿真。除去原来的功能（例如电器元件的功能），这种宏观仿真还必须能够描述热的和机械的反作用。

系统仿真必须能够对这种宏观模型进行处理，必须要考虑相应的耦合。根据元件之间相互的状态，得到不同的系统特性，就可以根据预先确定的准则，使用优化程序对元件的布局进行优化。

图 6-3 给出了一个简单的微机械结构设计过程的框图。

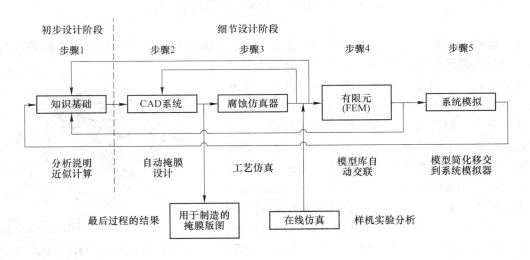

图 6-3　微机械的设计过程

这种方法的特点是：

1）每一步骤的执行不是严格一成不变的，而是取决于所取得的中间结果（有可能返回）；

2）所产生的数据通常要被所有的过程步骤所利用；

3）设计和工艺与微系统特性互相紧密联系；

4）在最后过程的结果中产生掩膜版图，并以此在由底向上的方向上，对功能元件以及系统器件的制造产生直接的先决条件。

模块化设计在微系统技术中也可以采用，微系统被分成若干个功能子系统（模块），这些模块在微系统制造中能被装配到不同的微系统中，在微系统的制造中投资可达到最小，并且不需要高技能的工人。

6.1.4 微机电系统设计关键技术

微机电系统设计关键技术包括以下几个方面：（1）混合信号系统的建模及仿真技术；（2）数模电路设计及仿真技术；（3）多学科优化技术；（4）多物理场耦合分析技术；（5）宏模型技术；（6）三维实例到二维版图的转换技术；（7）工艺可视化及加工仿真技术；（8）参数化元件库技术等。

在 MEMS 设计过程中需采用多学科优化技术，集成各个学科（子系统）的知识，应用有效的设计和优化策略，来组织和管理微机电系统的系统级设计。通过充分利用各个学科（子系统）之间的相互作用所产生的系统效应，获得设计的最优解。另外，从系统级设计到器件级设计的参数传递过程也是一个优化过程，它以设计的规格要求为目标，以器件的行为或结构参数为变量建立优化函数，采用多因素、多目标的优化算法求解，得出器件的行为或结构参数，为器件设计提供依据。系统级优化的结果可以直接参数化驱动生成器件的实体模型或版图。

6.2 尺度效应对设计的影响

微型机械的明显特征是几何尺寸微型化。由于表面积与体积之比变大，表面效应突出，因此，表面效果（如静电力和表面凝聚力）将代替体积效果（质量）而占支配作用，即传统机械做功往往是与体积力联系在一起的，运动要克服的主要是重力、惯性力，而当在微型机械领域内，常常是表面力起主导作用。一般用特征尺寸 L 来表征物体的大小（即该物体正好可包含在边长为 L 的正方体内）。当 $L>1mm$ 时，体积力起主导作用，这时需要的驱动力 F 与 L^3 成比例。而当 $L\leqslant 1mm$ 时，表面力起主导作用，这时需要的驱动力 F 与 L^2 成比例。表面力有空气阻力、固体摩擦，以及表面张力等，如图 6-4 所示。

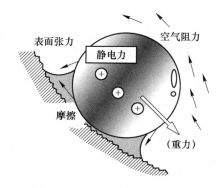

图 6-4   作用于微小物体上的力

微型机械中表面力的利用与妨碍性能举例如表 6-2 所示。

表 6-2　微型机械中表面力的利用与妨碍性能举例

表面力	利　用	妨碍性能
空气阻力	浮动滑块跟踪定位	振子传感器的Q值下降
摩擦力	振动电机，机器人的斜刷驱动	微小零件滑动定位精度下降，滚动传感器不灵敏区扩大
表面张力	作为光开关切换光路	SPM探头的吸附
静电力	静电驱动器	灰尘吸附

　　尺寸微小化将使微型机械和微系统的性能发生变化，而这些变化是人们在建模、设计和制作时必须研究的问题。一般当研究对象的尺寸在 $1\mu m$ 以上时，我们仍然可以用宏观领域的物理学知识，通过尺度分析的方法对微型机械进行研究。由于表面积比体积相对增大，因而热传导、化学反应和表面摩擦阻力（均与表面积有关）也明显增大。在微型机械建模和分析中，必须考虑到尺度效应和表面效应的影响。

　　影响微系统设计的尺度效应一般有两种形式：第一种直接取决于物体的物理尺度大小，例如几何尺度，在这种形式的尺度效应中，是由物理学规律控制的物体（或对象）的行为（与尺度的关系）。这种形式的尺度效应实例包括刚体动力、静电力和电磁力的尺度效应。第二种涉及微系统唯象行为（phenomenological behavior）的尺度。在这种尺度效应中涉及系统的大小和材料特性，可解决微系统中大部分的热流体问题。

6.2.1 几何尺度效应

在微设备（微装置）设计中，体积和表面是两个频繁出现的物理量。体积与设备部件的质量和重量有关，例如和机械惯性、热惯性有关。热惯性与固体的热容量有关，它是加热或降低固体温度快慢的度量。这个特性在热致动器的设计中是非常重要的。另外，表面特性与流体力学中的压力和浮力有关，就像在对流热交换中通过固体进行热吸收和消散一样。随着物理量的减小，特殊设备的体积和表面的减少所引起的重量大小变化，在尺度下降的过程中，物体体积和表面的减小量并不相等。

长方体的三个边为 $a>b>c$，如图 6-5 所示，体积 $V=abc$，表面积 $S=2\times(ac+bc+ab)$。假设 l 表示一个固体的线性尺度，则 $V\propto l^3$，$S\propto l^2$，所以 $S/V=l^{-1}$。大象的 S/V 约为 $10^{-4}/mm$，蜻蜓约为 $10^{-1}/mm$，不同的 S/V 比值解释了为什么蜻蜓只需要很少的能量和动力来飞行，而大象需要大量的食物来产生足够的能量（动力）保证即使是缓慢的移动。

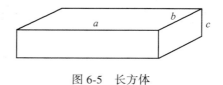

图 6-5　长方体

由几何尺度公式

$$S/V = l^{-1} \tag{6-1}$$

可以得到下面的结论：

若 $l=0.1$，每边减小 10 倍，则体积减小 $10^3=1000$ 倍，但表面积只减小 $10^2=100$ 倍，当然，体积减小 1000 倍，也就是重量减小 1000 倍。可以证明相同的尺度关系也可用于固体的其他几何尺寸。

微型开关常用于电信（长途通信）中的光纤网，而微镜是微型（微动）开关的重要元件。这些微镜在控制范围内高速旋转，角动量是控制旋转和旋转速度的一个主要因素。

在下面这个例子中，我们将计算当微镜的尺寸减小 50% 时，其扭矩的减小量。

如图 6-6 所示，使微镜绕 $y-y$ 轴旋转所需的扭矩与微镜的质量惯性矩有关，质量矩（质量一次矩）等于质量和其到轴之间距离的乘积，而转动惯量（质量二次矩）等于质量和距离的平方的乘积。则 I_{yy} 可以表示为

$$I_{yy} = \frac{1}{12}mc^2 \tag{6-2}$$

式中　m——微镜的质量；

　　　c——微镜的宽度。

因为微镜的质量 $m=\rho V=\rho(bct)$，ρ 为微镜材料的质量密度，所以微镜的质量惯性矩可以表示为

$$I_{yy} = \frac{1}{12}mc^2 = \frac{1}{12}\rho bc^3 t$$

若微镜的尺寸减小 50%，则其质量惯性矩为

$$I'_{yy} = \frac{1}{12}\rho\left[\left(\frac{1}{2}b\right)\left(\frac{1}{2}c\right)^3\left(\frac{1}{2}t\right)\right] = \frac{1}{32}\left(\frac{1}{12}\rho bc^3 t\right) = \frac{1}{32}I_{yy}$$

显然，从上面的简单计算可以得到：质量惯性矩减小为 1/32，这样微镜尺寸减小 50% 时，其旋转扭矩减小为原来的 1/32。

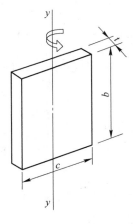

图 6-6　微镜

6.2.2　刚体动力学中的尺度效应

在 MEMS 设计中，工程力学起非常重要的作用。构件的运动需要力，动力由发动机（功率）产生，移动构件所需要的力总和及其达到所需的移动速度，或使已经运动的构件停止运动，取决于构件的惯量。固体的惯性与它的质量以及固体设备元件的启动和停止所需的加速度有关。减小这些元件的尺寸，需要明白，尺度效应对功率 P、力 F、压力 p 和改变运动所需的时间 t 的影响。

（1）动力的尺度效应。刚体从一个位置移动到另一个位置，其移动的距离为 s，$s \propto l$，l 表示线性尺度。移动速度为 $v = s/t$，因为 $v \propto (l)t^{-1}$，t 为时间。

由质点运动学可得

$$s = v_0 t + \frac{1}{2}at^2$$

式中　v_0——初始速度；
　　　　a——加速度。

令 $v_0 = 0$，由上式得到

$$a = \frac{2s}{t^2}$$

根据牛顿第二定律，动力 F 可以表示为

$$F = ma = \frac{2sm}{t^2} \propto (l)(l^3)t^{-2}$$

注意：质点质量 m 与 l^3 成比例，是体积的线性尺度。

（2）Trimmer 力尺度向量。Trimmer（1989）提出了一个唯一的矩阵来表示力向量，它与加速度 a、时间 t 和功率密度 P/V_0 等参数有关，是运动的系统尺度所需的。该矩阵有

一个通称：力尺度向量 $\boldsymbol{F}$。

力尺度向量定义为

$$\boldsymbol{F} = \begin{bmatrix} l^F \end{bmatrix} = \begin{bmatrix} l^1 \\ l^2 \\ l^3 \\ l^4 \end{bmatrix} \qquad (6\text{-}3a)$$

1）加速度 a。由 $F = ma = \dfrac{2sm}{t^2} \propto (l)(l^3)t^{-2}$ ，得

$$a = F/m = \begin{bmatrix} l^F \end{bmatrix} \begin{bmatrix} l^3 \end{bmatrix}^{-1} = \begin{bmatrix} l^F \end{bmatrix} \begin{bmatrix} l^{-3} \end{bmatrix} = \begin{bmatrix} l^1 \\ l^2 \\ l^3 \\ l^4 \end{bmatrix} \begin{bmatrix} l^{-3} \end{bmatrix} = \begin{bmatrix} l^{-2} \\ l^{-1} \\ l^0 \\ l^1 \end{bmatrix} \qquad (6\text{-}3b)$$

2）时间 t。由 $F = ma = \dfrac{2sm}{t^2} \propto (l)(l^3)t^{-2}$ ，得

$$t = \sqrt{\dfrac{2sm}{F}} \propto (\begin{bmatrix} l \end{bmatrix}\begin{bmatrix} l^3 \end{bmatrix}\begin{bmatrix} l^{-F} \end{bmatrix})^{1/2} = \begin{bmatrix} l^2 \end{bmatrix}\begin{bmatrix} l^F \end{bmatrix}^{-1/2} = \begin{bmatrix} l^1 \\ l^2 \\ l^3 \\ l^4 \end{bmatrix}^{-1/2} \begin{bmatrix} l^2 \end{bmatrix} = \begin{bmatrix} l^{-1/2} \\ l^{-1} \\ l^{-1.5} \\ l^{-2} \end{bmatrix} \begin{bmatrix} l^2 \end{bmatrix} = \begin{bmatrix} l^{1.5} \\ l^1 \\ l^{0.5} \\ l^0 \end{bmatrix}$$

$$(6\text{-}3c)$$

3）功率密度 P/V_0。显然，如果不提供动力，则任何物质，不管是固体还是液体，都不能移动。在微系统设计中，功率是一个非常重要的参数。若提供动力不足，则微系统处于静止状态；另一方面，若提供的动力过多，则系统结构将遭到破坏。微系统要求的动力越大，将增加运作（操作）费用，也减少了装在人身体中的生物医学设备的生命运作。这里，我们讨论功率密度，而不是每秒提供的功率。功率密度定义为每单位体积 V_0 所需提供的功率。

我们由做功引出功率，使一个质量为 m 的固体移动距离 s，则需要做功，所做的功等于力乘以移动的距离，即 $W = F \times s$。功率为每单位时间所做的功，即 $P = W/t$，则功率密度可以表示为

$$\frac{P}{V_0} = \frac{Fs}{tV_0}$$

我们可以得到力尺度向量与功率密度的关系：

$$\frac{P}{V_0} = \frac{\begin{bmatrix} l^F \end{bmatrix}\begin{bmatrix} l^1 \end{bmatrix}}{(\begin{bmatrix} l \end{bmatrix}\begin{bmatrix} l^3 \end{bmatrix}\begin{bmatrix} l^{-F} \end{bmatrix})^{1/2}\begin{bmatrix} l^3 \end{bmatrix}} = \begin{bmatrix} l^{1.5F} \end{bmatrix}\begin{bmatrix} l^{-4} \end{bmatrix} = \begin{bmatrix} l^F \end{bmatrix}^{1.5}\begin{bmatrix} l^{-4} \end{bmatrix} = \begin{bmatrix} l^1 \\ l^2 \\ l^3 \\ l^4 \end{bmatrix}^{1.5} \begin{bmatrix} l^{-4} \end{bmatrix} = \begin{bmatrix} l^{-2.5} \\ l^{-1} \\ l^{0.5} \\ l^2 \end{bmatrix}$$

$$(6\text{-}3d)$$

由公式（6-3a）～公式（6-3d），可以建立一组刚体动力学的尺度效应，如表 6-3 所示。

表 6-3 刚体动力学的尺度效应

阶	1	2	3	4
力尺度	l	l^2	l^3	l^4
加速度	l^{-2}	l^{-1}	l^0	l
时间	$l^{1.5}$	l	$l^{0.5}$	l^0
功率密度	$l^{-2.5}$	l^{-1}	$l^{0.5}$	l^2

表 6-3 在设计过程中，对于设备的尺度下降非常有用，表中第一栏表示与表中第二栏力尺度向量相关的减少顺序。

【例 6-1】 若 MEMS 构件的重量减少 10 倍，计算驱动它所需提供的功率 P、时间 t、加速度 a 的相应的变化。

解： 因为固体的重量等于质量乘以重力加速度 g，而质量与线尺度的体积幂成比例，即 $W \propto l^3$，也就是表 6-3 中的第三行，由此可以得到以下信息：

（1）加速度没有变化（l^0）；

（2）完成运动的时间减少（$l^{0.5}$）=（10）$^{0.5}$ = 3.16；

（3）功率密度 P/V_0 减少（$l^{0.5}$）= 3.16，功率消耗减少量为 $P = 3.16V_0$。因为构件体积减少 10 倍，则尺度变小后，功率消耗将减少 $P = 3.16/10 = 0.3$ 倍。

综上所述，参考 1992 年 Drexler 对尺度效应的分析，罗列若干物理量的尺度效应，如表 6-4 所示，以供分析微型机械时参考。

表 6-4 尺度效应（特征长度 $L=1$）

	物理量	导出式	长度 L 变化影响	说 明
直接量	长度 L	$L = 1/10$	$L \propto L^1$	长度减少为特征长度的十分之一
	面积 S	$S = (1/10)^2 = 1^2/100$	$S \propto L^2$	面积减少为百分之一
	体积 Q	$Q = (1/10)^3 = 1^3/1000$	$Q \propto L^3$	体积减少为千分之一
	质量 m	$m = \rho Q$	$m \propto L^3$	
力学导出量	压力 f_p	$f_p \propto S$	$F \propto L^2$	当 $L>1\text{mm}$ 时体积力起主导作用，当 $L \leqslant 1\text{mm}$ 时表面力起主导作用
	重力 f_g	$f_g \propto Q$	$F \propto L^3$	
	黏性力 f_f	$f_f \propto S$	$F \propto L^2$	
	刚度 S_t	$S_t \propto f/L$	$S_t \propto L^1$	
	变形 D_f	$D_f \propto f/S_t$	$D_f \propto L^1$	
	加速度 a	$A \propto f/m$	$A \propto L^{-1}$	
	频率 ω	$\omega \propto \sqrt{k/m}$	$\omega \propto L^{-1}$	当长度变小时，频率相对变大，响应加快
	时间 t	$T \propto 1/\omega$	$T \propto L^1$	
	速度 v	$v \propto a \cdot t$	$t \propto L^0$	
	功率 e	$e \propto f \cdot v$	$E \propto L^2$	
	功率密度 e_d	$e_d \propto e/Q$	$e_d \propto L^{-1}$	
	摩擦力 f_r	$f_r \propto S$	$f_r \propto L^2$	

物理量		导出式	长度 L 变化影响	说　明
其他物理导出量	静电场 E	E	$E \propto L^0$	
	电压 V	$V \propto E \times L$	$V \propto L^1$	
	静电力 f_E	$f_E \propto S \times E^2$	$f_E \propto L^2$	电场强度一定
			$f_E \propto L^0$	微尺度时，电压一定（$E = V/d$），d：电极之间的间隙
	电阻 R	$R \propto L/S$	$R \propto L^{-1}$	
	欧姆电流 A	$A \propto V/R$	$A \propto L^2$	
	静电功率 E_p	$E_p \propto f_E \times v$	$E_p \propto L^2$	
	静电功率密度 E_{Pd}	$E_{Pd} \propto E_p/Q$	$E_{Pd} \propto L^{-1}$	
	磁场 H	$H \propto L$	$H \propto L^1$	
	电磁场力 f_H	$f_H \propto S \times H^2$	$f_H \propto L^4$	
	电感 I	$I \propto e_m/A^2$	$I \propto L^1$	
	品质因数 Q_w	$Q_w \propto \omega \times I/R$	$Q_w \propto L^1$	

从表 6-4 中，我们可以看到：与特征尺寸 L 的高次方成比例的惯性力、电磁力等在尺寸变小时，其作用相对减小；而与尺寸的二次方成比例的黏性力、弹性力和表面张力等的作用相对增加；微尺度下，电压一定时，与尺度变化无关的静电力，更是相对增大（这也是微型电子机械系统常用静电力致动的理由）。

同传统学科一样，微尺度理论的研究方法也包括理论建模、实验技术和计算机模拟三种。理论建模研究中，从微观角度出发，讨论电子、声子、光子等能量载流子在低维量子器件、薄膜复合结构和纳米材料中的运输特性，通过微观粒子的运输规律来解释微尺度效应，进而给出设计和控制微器件性能的方法是当前的研究重点和热点。

实验技术主要用来测试材料的微尺度物性参数和微器件的性能参数。发展微样测试和超快测试技术及其仪器是当务之急。同时，开展微尺度物性的反问题方法研究对于弥补实验技术的不足无疑是非常有益的。

计算机模拟作为"数值实验"在微尺度理论研究中有着特别重要的作用。目前主要的计算方法有分子动力学、量子分子动力学、蒙特卡罗模拟和从头计算等。但由于很难获得准确的分子间相互作用势函数，计算机模拟必须和理论建模及实验技术紧密结合起来才有意义。当然，建立准确的分子间势函数更具有理论意义。

6.3　微结构的力学分析

目前由于人们对微观条件下的机械系统的运动规律、微小构件的物理特性和受载之下的力学行为等尚缺乏充分的认识，还没有形成基于一定理论基础之上的微系统的设计理论与方法，因此大多凭经验和试探的方法进行研究。

力学设计的主要目标是确定微系统在正常操作和过载的情况下受到特定载荷时的结构完整性和可靠性。有限元方法广泛应用于微系统的动力学分析。

在微机电系统的研究中，涉及结构动力学、流体力学、电磁学、热力学等有关的功能元件模型的问题。目前对这些功能元件模型的研究，是以传统经典的有关理论为基础来分析与建立功能元件的模型。下面以最简单的运动机构悬臂梁为对象，说明微领域中空气阻力的影响。

设梁的截面形状上下对称、材质均匀、边界条件为悬臂。如图 6-7 所示，梁弯曲时会引起弯曲及剪切的弹性变形。并且，梁振动时还会产生整体运动与转动，并产生与质量和惯性率成正比的惯性力及弯矩。梁足够细长（厚度与长度相比很小）时，弹性变形中不考虑剪切变形、惯性力中不考虑转动惯性，产生的误差都很小。忽略了这些因素的梁的力学模型称为伯努利-欧拉梁，而将弯曲变形、剪切变形、整体运动和转动全考虑进去的梁的力学模型则称为铁木辛可梁。

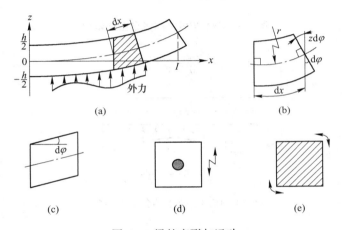

图 6-7 梁的变形与运动

（a）梁的弯曲；（b）弯曲变形；（c）剪切变形；（d）整体运动；（e）转动

梁的弯曲及剪切变形、整体运动及转动惯性的意义可以用多自由度系统进行表述。伯努利-欧拉梁的多自由度模型如图 6-8 所示，铁木辛可梁的多自由度模型如图 6-9 所示。

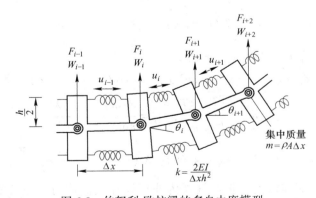

图 6-8 伯努利-欧拉梁的多自由度模型

图 6-10 为作用于梁上的分布力与弯矩示意图，则根据力平衡推导的运动方程式为

$$\rho A \frac{\partial^2 f}{\partial t^2} + EI \frac{\partial^4 f}{\partial t^4} = p \tag{6-4}$$

式中　p——分布力，惯性力以外的外力；

　　　A——梁的截面；

　　　I——截面的二次矩，$I = bh^3/12$；

　　　f——梁的挠度；

　　　E——杨氏模量。

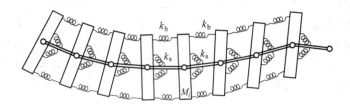

图6-9　铁木辛可梁的多自由度模型

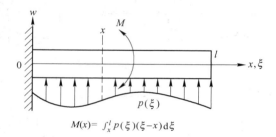

$$M(x) = \int_x^l p(\xi)(\xi - x)\mathrm{d}\xi$$

图6-10　作用于梁上的分布力与弯矩

边界条件为

$$f(0) = 0; \quad \frac{\partial f(0)}{\partial x} = 0; \quad \frac{\partial^2 f(1)}{\partial x^2} = 0; \quad \frac{\partial^3 f(1)}{\partial x^3} = 0$$

则悬臂梁自由振动的一般解为

$$f(x, t) = \sum_{i=1}^{\infty} T_i(t)\varphi_i(x)$$

$$T_i(t) = A_i\cos\omega_i t + B_i\sin\omega_i t$$

$$\varphi_i(x) = \cos k_i x - \cosh k_i x - \alpha_i(\sin k_i x - \sinh k_i x)$$

$$k_i = \frac{\lambda_i}{l}, \quad \omega_i = \frac{\lambda_i^2}{l^2}\sqrt{\frac{EI}{\rho A}}, \quad \alpha_i = \frac{\cos\lambda_i + \cosh\lambda_i}{\sin\lambda_i + \sinh\lambda_i}$$

$$\lambda_1 = 1.875, \quad \lambda_2 = 4.694, \quad \lambda_i(i \geqslant 3) \approx \frac{(2_{n-1})\pi}{2}$$

(6-5)

（1）微领域中的流体运动。将空气视为非压缩连续流体时，空气的运动可由表示压力与流速关系的运动方程式，即维纳埃-斯托克斯方程式和表示空气不间断流动的连续公式来决定。

维纳埃-斯托克斯方程式为

$$\nabla p = \mu \Delta v - \rho (v \cdot \nabla) v + \rho_a \frac{\partial v}{\partial t} \qquad (6\text{-}6)$$

表示空气不间断流动的连续公式为

$$\nabla \cdot v = 0 \qquad (6\text{-}7)$$

当 $l < 1.6$mm 时，$Re < 1$，长度 100μm 的悬臂梁可以忽略第 2 项，即得微小振动的基础式，称为斯托克斯方程，写为

$$\nabla p = \mu \Delta v + \rho_a \frac{\partial v}{\partial t} \qquad (6\text{-}8)$$

在振动长方体的边界条件下得不到解析解，而对于振动球，斯托克斯方程式和连续公式的解析解都能求得。因此，建立图 6-11 所示的串珠模型，即可求解基于串珠模型的近似解析。

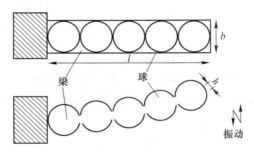

图 6-11　串珠模型

作用于球 i 上的流体力 F_i 的联立方程式为

$$u_i = \sum_j d_{ij} F_j \qquad (6\text{-}9)$$

梁长 37μm 以上时，相隔超过一个球，流速下降一个数量级，所以对于大部分的微悬臂梁，仅考虑与切点相邻的球即可，串珠变形形状为慢坡状曲线，所以可认为相邻球处的速度差很小，进一步等效为

$$u_i = 2\alpha_{11} F_j \qquad (6\text{-}10)$$

梁细长且与梁长相比球间很近时，F_i 可视为连续分布，可认为每单位梁长上作用的流体力为 $F_i/2b$，即可求得流体力的近似解。

（2）考虑空气阻力的微型悬臂梁的运动。将梁的运动方程式和空气阻力算式组合，即可导出考虑到流体力的运动方程式。按照串珠模型，将梁每单位长度上作用的流体力作为外力代入无衰减梁的运动方程式，即得考虑到流体阻力的梁的运动方程式：

$$\rho_0 S \frac{\partial^2 f}{\partial t^2} + \frac{\beta_1}{2b} \frac{\partial f}{\partial t} + EI \frac{\partial^4 f}{\partial t^4} = y e^{i\omega t} \qquad (6\text{-}11)$$

式中，$\beta_1 = 3\pi\mu b + \dfrac{3}{4}\pi b^2 \sqrt{2\rho_a \mu \omega}$。

左边第 1 项表示梁的惯性力、第 2 项表示流体阻力、第 3 项表示柔性梁的刚度，右边表示外力。为计算方便，外力以复数形式给出，外力为 $y\cos\omega t$ 时取实部，为 $y\sin\omega t$ 时取虚部即可。

该偏微分方程可按模式展开求解。

微小振动梁的衰减比，空气阻力最终归结于衰减比，如图 6-12 所示。

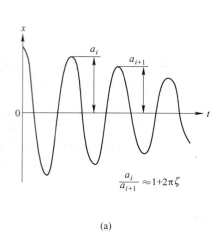
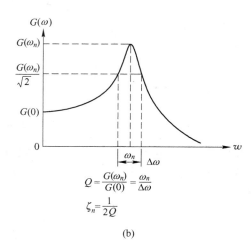

(a) (b)

图 6-12　微小振动梁的衰减

（a）衰减振动中振幅与 ζ 的关系；（b）频域中的 Q 与 ζ

空气阻力以外的衰减原因有内部摩擦、支持部损耗等，如图 6-13 所示。

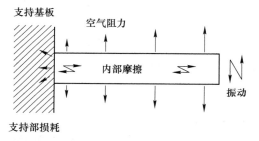

图 6-13　振动衰减原因

6.4　设计建模和技术

6.4.1　建模的概念

对任何一种机械设计，都应该先建立正确的力学（物理）模型，通过对模型的分析，找出设计中的主要因素，达到解决设计中的关键问题的目的。

所谓建模，是指为达到某种特定的目的，对现实世界中的某一特定的研究对象，做一些必要的简化和假设，根据物理学的基本规律，运用适当的数学工具，得到一种数学表达式，用来描述研究对象的物理本质，如图 6-14 所示。它可能解释特定现象的现实形态，也可能预测研究对象的未来状况，还可能提供最佳的设计方案和最佳的控制方法。

6.4.2　建模的目的

（1）微机电系统的功能原理和制造过程在物理意义上是可解释的。这就是说：结构、

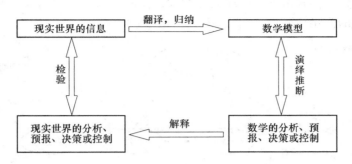

图 6-14　数学模型的建立

工艺参数和工作条件的影响可以从物理或现象上以及从质或量上进行控制；

（2）微机电系统的设计人员利用合适的模型为决策作准备，并从其得到支持。因此，设计方案的改变能够与其性能参数在量上进行比较是很必要的。

为了实现这两个目的，需要不断完善总系统的模型。另外，由于所提出问题的复杂性，必须要对系统进行划分，如图 6-15 所示。

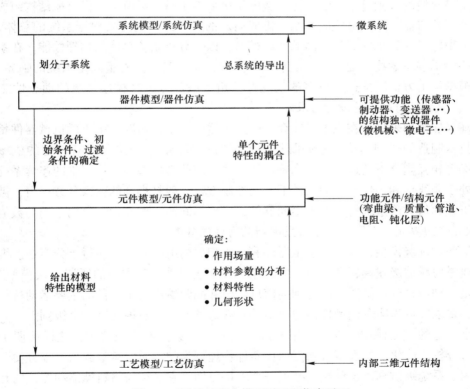

图 6-15　设计过程中模型平面和仿真平面

6.4.3　微型机械建模的级别

微型机械（MEMS）的建模是个复杂问题。人们把建模过程分成多个不同的级别，每一级别的建模应遵循适应于该级别的建模规范。整个建模的过程，由上至下、由总体至细节地进行分析、仿真，并由下至上地进行检验，以便达到设计者的设计要求。图 6-16 是对这些建模级别的简化描述。

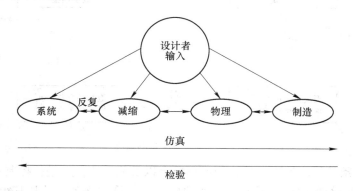

图 6-16　微系统不同级别的建模（摘自 *Micro System Design*（D. S. Stephen））

在图 6-16 中，定义了 4 个建模级别，它们分别是：系统级、减缩级、物理级和制作级。每一级别都与下一级别用双向箭头连接，以表示彼此间需要反复进行信息交换。

系统级建模的级别是第一级。由于微电子机械系统是由微电子与微机械结构组成的若干传感器、执行器，通过电路的连结、集成而成的，因此我们先要根据系统的总体设计，建立包括微电子和微机械器件在内的系统模型，以便分析系统总体的物理性能。在系统建模时，一般不多考虑技术细节和实现系统功能的具体方案，而着重确定系统的临界参数。系统的模型可由方框图描述，更多的是通过一组常微分方程来描述系统的动态性能（控制方程），以满足对系统的设计要求。

物理级建模用来描述在三维连续介质中真实器件的工作情况。由于微机械器件是通过微加工技术制造的微型结构，它们既是微系统的一部分，本身又是具有特定的机械、流场、电场等相互耦合下的运动形态和特性的个体。因此其模型一般为三维的连续系统，并且往往处于非线形和多耦合场的条件下。其控制方程一般是耦合的偏微分方程组，需要复杂的解析或数值方法来求解。对于不同器件，根据不同的工作原理，可用不同的数值解法（如有限元、边界元、有限差分法或发展新的有效的数值方法）。

但按照物理级模型，在处理整个器件和与之相关的电路时，就显得十分麻烦。因此我们有必要考虑减缩级建模，即使用一组能抓住系统或组件物理本质的所谓"宏模型"，而宏模型是一种经过分析微器件所得到的信息参数并能归纳出表示器件的主要运动特征的减缩模型，要求它可为物理模型提供边界条件和载荷条件，是建模的第二个级别。

一个理想的"宏模型"往往是用解析形式而不是数值形式表达的，这样更便于设计人员进行分析。简化了的模型必须能抓住器件物理行为的本质，运算起来应很方便，并可直接应用于系统级仿真。这种模型必须符合能量原理：它必须与材料性能和器件的几何外形相吻合；它应该能同时反映器件的静态和动态物理行为；最后，"宏模型"计算的结果还必须与物理级三维仿真的结果相吻合，并要与在适当的试验结构上的实验结果相符合。当然，这种要求是很高的，不是我们所建立的每一个模型都能达到这一要求的，但尽量满足上述要求是我们应明确的努力目标。

制造过程级建模是建模的最后一级。在这里，要确定器件制造的工艺流程和确定所需光掩膜版的设计，这方面已有比较成熟的数值计算的建模方法，并开发了一系列商业化的 CAD 工具，它们一般被称作技术 CAD 或 TCAD。对于 MEMS 的开发人员而言，TCAD 工具的重要性在于它能根据工艺流程和掩膜版的设计预测加工后器件的几何尺寸。而且，由于材料性能与具体的工艺流程相关，设计者也必须知道所采用的工艺流程，以决定在建立器件模型时采用何种恰当的材料。

这里应该强调：每一级别的建模都不是一次能完成的，要反复进行计算机仿真和检验。在此过程中，常使用一些高级的软件，如 MEMSCAD、MATLAB 等。

6.4.4　建模的要求和步骤

对于所有被描述的建模平面都合格的模型要满足一系列的标准，以满足表 6-5 中所提出的要求。建模步骤如表 6-6 所示。

表 6-5　对设计过程中所有模型平面的建模模型要求

正确性	（1）物理模型必须满足物理学的基本原理，例如守恒定律； （2）前提、假设、化简和近似对总系统的所有子系统都同样适用，这些是由器件模型和元件模型产生系统模型合成的前提
可视性	（1）物理模型参数必须能够对物理量进行现象解释； （2）模型可视性通过利用宏观状态变量而得到支持，这些宏观状态变量通过对微观场量的积分或对场分布取平均值而得到；这些是检验物理模型的前提
划分的适用性	（1）必须要考虑的状态变量产生的自由度数量的限制； （2）对所确定的问题类型完成合适的模型； 这些是确定能否对复杂系统模型进行仿真的前提，它与计算时间和存储容量的要求有关

表 6-6　建模步骤和其特性

建模过程的步骤	特征/特性	弯曲梁的例子
工程实际状态	（1）建模起点； （2）极复杂的客观的过程	 已知：F（t 或 ω），求解 $s(\omega)$
物理建模	（1）通过清晰简化的等效模型，实现客观过程的模拟； （2）总事件的划分； （3）将主要效应与次要效应分离（采用忽略和适用性限制）； （4）以设计人员的经验、数据库等知识为基础进行决策	

建模过程的步骤	特征/特性	弯曲梁的例子
数学建模	（1）对物理等效模型进行数学描述公式的推导； （2）数学物理基本原理的应用（例如：平衡方程），通常要借助于可实施的正式方法（例如：应用拉格朗日原理）； （3）步长自动化重复多次的起点	（1）等效电路 $S = \dfrac{y}{j\omega}$，$n = 1/c$，m，$F = F_0 e^{jwl}$ （2）方程 $ms'' + cs = F(t)$，$F(t) = F_0 \sin(\omega t)$
仿真	（1）求解数学模型； （2）精确结果的解析解或完整解或具有作为近似结果的数值解； （3）经常采用图解的形式描述参数相关性（参数：时间、频率，几何尺寸等）	$s(\omega)/(F \cdot n) = 1/[1 - (\omega/\omega_0)^2]$ 其中：$\omega_0^2 = 1/(m \cdot n)$
验模	（1）根据已知（事先分析）解进行仿真结果的检验或与测试结果进行比较； （2）做出判定： ——模型的仿真结果是否可对工程系统的特性进行推断？ ——是否充分考虑了主要影响量的作用？ （3）验模是建模过程的固定组成部分，因为建模过程的所有步骤都可能会存在错误或疏忽（例如：提出的假设、数字解误差）	（1）与测试结果比较 （2）物理模型的改进（如：固定-弹性）

对表 6-6 中所描述的每一个模型平面的建模，在有效设计过程中按照技术状态—物理模型—数学模型这样一种顺序来进行。

验模应构成建模过程的一个固定的组成部分，因为在建模过程中会出现一系列的疏忽和误差：

（1）建模误差。由于假设错误或假设过于简化，仿真结果与真实系统测试值有偏差。

（2）求解误差。由于数值解法的近似性，仿真结果的计算产生误差。

6.5　微机构（微结构）的设计和分析

6.5.1　微结构分析时应考虑的因素

利用微加工技术制作的微型机械，一般可以划分成一些简单结构，并把它们作为微型机械系统整体分析的基础。因此，有必要了解这些基本的、典型结构的力学行为和运动特点。对微型机械的典型构件（如微梁、微桥、微膜片等）在不同边界条件下的静、动态力学分析，以及微型结构分析时，还需考虑以下各个重要因素。

（1）大变形。微型机械结构尺寸微小，其构件变形往往是大变形。在小变形的情况下，力与变形（应力与应变）是成正比的，是线性关系。但是，在大变形的情况下，就引起了"几何非线性"关系。图 6-17 所示为电场力驱动的微致动器中膜片的横向弯曲运动，图 6-18 所示为常用的微弹簧。由于几何大变形使得微结构的静、动态分析变得复杂，需要用半解析或数值方法求解。

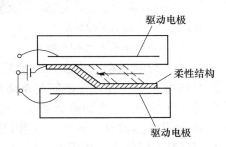

图 6-17　电场力驱动的微致动器

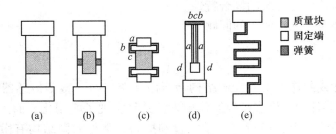

图 6-18　常用的微弹簧

（2）复合结构。微型结构多用不同材料复合而成。如为了驱动膜片，可在膜片上淀积一层压电材料（见图 6-19）。这层材料在交变电压的作用下，引起膜片的伸缩，进而驱动膜片进行弯曲振动，有时还会有不同场的耦合作用。在分析这种结构的力学行为时，必须建立机电耦合模型，才能全面反映复合结构的特点。

（3）残余应力效应。通过表面加工技术制造的微梁和微膜片等构件，不可避免地受到残余应力的影响。残余应力能改变微结构的几何形状（见图 6-20），能引起微结构机械性能的改变。如对于夹层梁结构，拉伸残余应力会增加梁的横向刚度和固有频率，而压缩应力会引起梁的屈曲。因此，在建模时不可不考虑残余应力的影响。

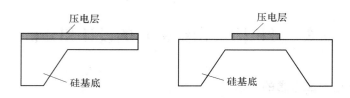

图 6-19   淀积了压电材料的微梁和微膜

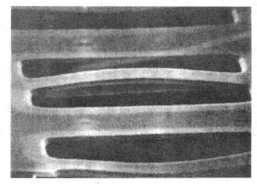

图 6-20   残余应力引起的微梁屈曲

（摘自 Handbook of Mcromachinging）

（4）耦合效应。微型电子机械系统的运动常为多种能量的耦合，如微泵为流体、固体耦合器件，微压电传感器为电场力、空气阻力（微膜与基体间的空气阻尼力）和机械变形的耦合等。在微型机械建模和分析中，这方面也会涉及。还有，阵列式微型结构，如具有多个谐振元的阵列式压电微称重传感器（MQCM）各单元之间也会产生振动耦合效应，每个谐振元上淀积的吸附膜可对不同的化学物质进行吸附，可通过检测每一个谐振单元的谐振频率的变化，来分辨所吸附物质的种类。在建模分析时，可将阵列划分为子系统，但划分时要保持原有系统的耦合特性。

此外，还需要考虑尺度效应的问题。

6.5.2   微结构

目前，已设计或制作出了不少微结构乃至微系统，如"微型传感器"和"微型执行器"，在这些微型器件中，许多已经制作出来，并且实现了实用化、商品化，还有一些停留在实验室试制的阶段上，尚待进一步完善和提高。常见的微结构有微型铰链、微型轴承、微型弹簧、微型继电器、微齿轮机构、光开关阵列等，如图 6-21 所示。

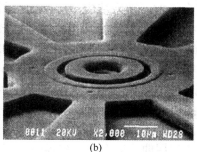

(a)   (b)

图 6-21　各种微器件

（a）基本铰链的实物照片；（b）微型轴承的电镜特写（摘自 DARPA）；（c）用 LIGA 工艺制作的螺旋弹簧、微齿轮、
微定子（摘自 DARPA）；（d）美国 Wisconsin 大学制作的微齿轮机构（摘自 DARPA）；（e）微型继电器、
微型保险丝、微流量计的活动微齿轮电镜照片（摘自 DARPA）；（f）光开关阵列

　　图 6-22 所示为 AT&T 贝尔实验室制作的 3 个自由度并列的微型连杆机构（micro links）。这 3 个自由度分别为 x 方向、y 方向的自由度和一个转动自由度，左下角的较长一些的白线为 $10\mu m$。

　　其他微型机构有可做微型加速度计的梳状机构，由多个平行四边形组成的、可利用它

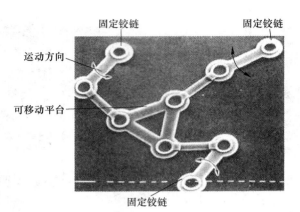

图 6-22　微型连杆机构

的微变形的运动机构等。图 6-23 所示为日本东京大学生产技术研究所竹岛等制作的可以弹性变形的、可改变大小和方向的、可输出力的平行四边形机构（parallel quadrilaterals）的电镜照片。它是由 4μm 厚的多晶硅薄膜加工而成的。图中，细梁宽 2.5μm、长 283μm，构成菱形结构。菱形的一个顶点固定在基板上，其两侧的顶点与可活动的棒（驱动电极）相连接，棒与其相邻的固定电极间有 2.5μm 的间隙。在固定电极上加静电，菱形被拉长，其第四个顶点被压向内侧。这种机构可与齿轮传动、连杆传动起同样的作用。图 6-24 为其工作原理。

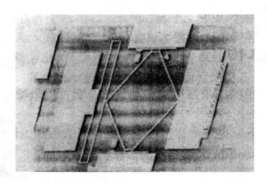

图 6-23　微型平行四边形机构的电镜照片

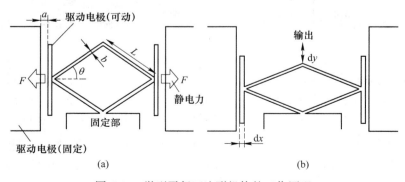

图 6-24　微型平行四边形机构的工作原理

用表面硅微机械加工工艺，利用牺牲层技术，也可以制作很多可动、复杂的机构，如梳状结构。微型梳状机构（mkro comb）也称叉指机构，在微电子机械系统中用得很多。图 6-25 是日本东京大学制作的多晶硅微型梳状机构的电镜照片。图 6-26 为梳状执行器和梳状执行器的基本单元。从图 6-26 可以看出，固定驱动电极的梳齿与活动驱动电极的梳齿是相互交叉的，两齿间的间隙为 $0.2 \sim 0.5 \mu m$。活动驱动电极支承在弹性梁上，加以 10V 电压，可得到 $7 \mu m$ 的位移。

图 6-25　微型梳状机构的电镜照片

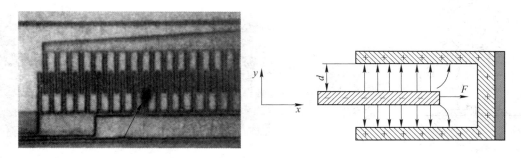

图 6-26　梳状执行器和梳状执行器的基本单元

最常见的硅体微加工构件如图 6-27 所示，包括微型悬臂梁、微型桥、微型膜片、微型沟槽、微型腔体和微型喷嘴等。这些结构虽然简单，但利用它们的变形、位移，可以完成很多的功能。它们也是组成微机构、微系统的基本构件。图 6-28 所示为静电驱动的微电机。

6.5.3 柔顺机构

如果物体能够按照预定的方式弯曲，则可认为它是柔顺的。如果该物体所具有的弯曲柔性可以帮助我们完成某项任务，即可称它为柔顺机构。柔顺机构，有时也称为柔性机构（compliant mechanism，简称 CM），是指在设计中采用大变形柔性元素，而非全部采用刚性元件的一类机构，即能通过其部分或全部具有柔性的构件变形而产生位移、传递运动或力的机械结构，如图 6-29（c）、（d）所示，与通常意义上的柔性杆（flexible link）机构

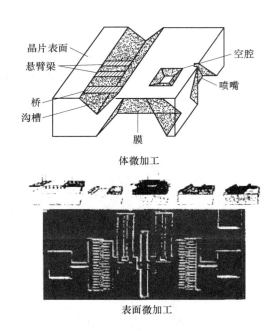

图 6-27　硅微加工的常见结构

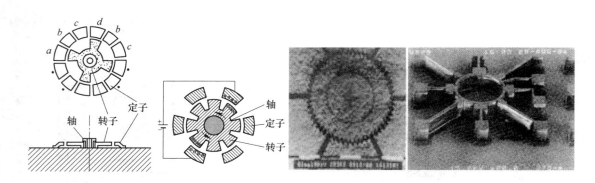

图 6-28　静电驱动的微电机

（图 6-29（b））有所不同。传统意义上，工程上的装置都设计成刚而强的，系统也通常由不同的部件组合而成，如图 6-29（a）所示。而自然界中的设计却是强柔并济的，系统浑然一体。如人体的心脏就是一个了不起的柔顺机构，在一个人出生前就开始工作，在有生之年一刻也不停歇。再如蜜蜂的翅膀、大象的鼻子、鳗鱼、海带、脊柱、盛开的鲜花等等（图 6-30），它们都是柔顺的。尽管有些自然运动看上去与这种弯曲行为不太一样，比如人的膝盖和肘部，但它们是通过软骨、肌腱和肌肉实现运动的。我们还发现：自然界中的"机器"结构十分紧凑，譬如图 6-30 所示的蚊子，它的身体具备导航、控制、能量收集、再生等诸多系统仍能自由飞行。我们可以从自然中得到启示，依靠柔性变形获取运动，以此来改善我们的 MEMS 产品设计。

　　一些早期的机器也采用了柔顺机构，大概是因为那时人类更亲近自然。柔顺机构的一个典型例子是有着几千年历史的弓（图 6-31）。古代的弓由骨头、木头和动物肌腱等多种

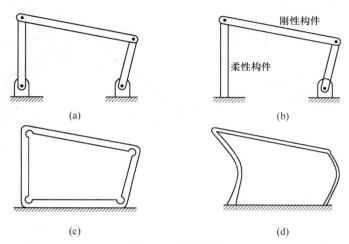

图 6-29　机构分类

（a）刚性机构；（b）部分柔性构件机构；（c）集中柔度柔性机构；（d）分布柔度柔性机构

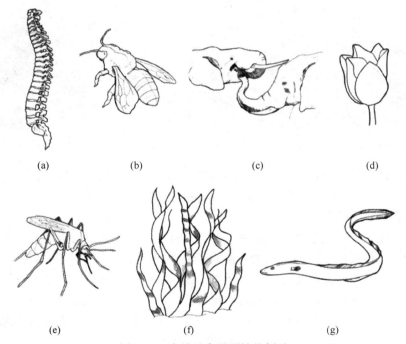

图 6-30　自然界中柔顺性的例子

（a）脊柱；（b）蜜蜂翅膀；（c）大象鼻子；（d）盛开的花朵；（e）蚊子；（f）海带；（g）鳗鱼

材料制成，利用弓臂的柔性存储能量，并利用能量的瞬间释放将箭推射出去。从 Leonardo da Vinci（达·芬奇）的草图中也可以看到许多柔顺机构（例如图 6-31）。甚至工程界最伟大的发明之一——实现人类持续飞行的飞行器——最初也采用了柔顺机构，当时 Wright 兄弟利用机翼的翘曲（图 6-32）实现对早期飞行器的控制。

　　这一切看起来很自然，但实际情况是柔顺机构的设计并非易事。大自然能够实现这样的设计源于其设计方法，而人类使用的设计方法却大相径庭。人类转向了更容易设计的刚

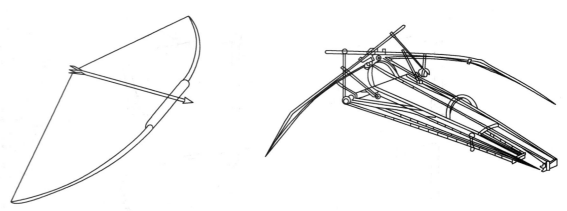

图 6-31　早期的柔顺机构，包括古代的弓和达·芬奇（Leonardo da Vinci）的许多柔顺机构设计

图 6-32　Wright 兄弟利用机翼的翘曲控制飞行器，实现了人类的持续飞行

性机构（用铰链连接的刚性构件）领域而把柔性留给了自然，并在机器设计上取得了长足的进步。例如，Wright 飞行器最终还是用更容易控制的铰接副翼操纵面，替代了在当时看来过于复杂的翘曲机翼设计。

人类随着认知能力飞速增长，发明了许多新材料，计算能力得到极大提升，对复杂装置的设计能力也有所扩展。与此同时，某些新的需求难以依靠传统机构来满足。也就是说，设计柔顺机构的能力和动力都大大增强。现在我们可以重新来考虑飞行器控制这个例子。Wright 飞行器的操纵面最初采用的是翘曲机翼，而其他飞机很快转向使用传统机构。但是，随着计算能力的提高以及新型材料的研发，研究者们又回过头重新考虑翘曲机翼的设计，为的是获得由柔性设计所带来的诸如减轻重量等优点。

传统机械设计中，最吸引人的地方在于：设计者可以将不同功能分别由不同的零件实现，每个零件负责完成其中一项功能。柔顺机构的利与弊都在于它把不同的功能集成到少数几个零件上。柔顺机构可以用很少的零件（甚至一个零件）实现复杂的任务，但其设计难度也更大。利用柔顺机构传递运动具有如下优点：（1）零件少，甚至仅一件，便于制造；（2）无需铰链或轴承等运动副，运动和力的传递是利用组成它的某些或全部构件的弹性变形来实现；（3）无摩擦、磨损及传动间隙，无效行程小，且不需润滑；（4）可存储弹性能，自身具有回程反力。

全柔性机构又分为集中柔度的柔性机构（图6-29（c））和分布柔度的柔性机构（图6-29（d）），与传统机构相比由于没有运动副，避免了摩擦、磨损和振动，减少了机构运动副间隙造成的累积误差，因而在精密工程领域获得广泛应用；另一方面，如前所述，柔性机构刚柔相济的特性与自然界生物十分相似，因而在仿生领域也受到广泛关注。

在MEMS产品的设计中，采用全柔性机构的形式不仅可以保证精度，还可降低成本。可以说，从机械角度全柔性机构为MEMS产品的开发，提供了一条切实可行的有效途径。

全柔性机构具有以下优点：

（1）零件少，甚至仅一件，便于设计制造，无需装配，结构紧凑、重量轻，从而降低了成本；

（2）无需铰链或轴承等运动副，运动和力的传递是利用组成它的某些或全部构件的弹性变形来实现；

（3）无间隙，可提高机构的运动精度；

（4）无摩擦、磨损，无效行程小，可提高机构的寿命；

（5）振动和噪声小，不需润滑，可减少污染；

（6）易于小型化和大批量生产；

（7）可存储弹性能，自身具有回程反力。

由于全柔性机构所具有的这些优点，并考虑到MEMS产品本身具有的特性，因此很适合MEMS设计，它在微定位、MEMS等领域得到了广泛的应用。第7章将重点介绍柔顺机构设计实例。

6.5.4　平面柔性铰链和微铰链

通常在微机电中，常称具有铰链边界特性的柔性结构梁为柔性铰链，其机械和可靠性特性均类似于结构梁。通常可以将这些结构视为具有窄横截面的结构梁，在与厚梁相交处产生应力集中。柔性铰链属可逆弹性支撑结构，目前开始在微位移方面逐渐得到应用，但由于原始刚度分析及设计计算理论公式的复杂性，其应用有一定局限。

微位移机构往往采用如图6-33所示结构，其特点是位移量（柔性铰链的变形）比较小，一般在十几微米到几百微米。单轴柔性铰链的变形实际上是由许多微小段弯曲变形累积的结果，每个微小段可以认为是长度为 dx 的等截面矩形梁，而且作用在微小段两侧面的弯矩也是相等的。另一种非平面铰链示意如图6-34所示。

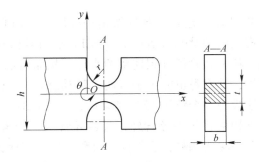

图6-33　单轴柔性铰链

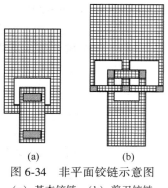

图 6-34   非平面铰链示意图

（a）基本铰链；（b）剪刀铰链

微型铰链（micro hinge）结构是利用表面微加工技术和牺牲层技术制作的，如图 6-35 所示。三维铰链结构可以作微透镜、微平面镜和其他光学器件中的可移动的光具座。

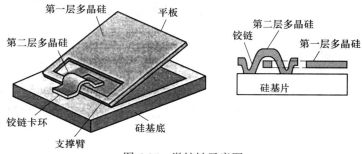

图 6-35   微铰链示意图

微型轴承（micro bearing）一般用于旋转马达、连杆机构等。它是利用两层结构层、两层牺牲层的制作工艺。

6.5.5 柔顺机构在 MEMS 中的应用

柔顺机构在微机电系统中的应用非常广泛。用于内窥镜相机的磁悬浮系统中的柔性关节如图 6-36 所示，在内窥镜相机中，磁悬浮系统的关节往往设计成柔性悬臂梁，在末端受到力和力矩（比如说相机的重量和磁力载荷）时会发生弯曲变形，图 6-36（a）为用于内窥镜相机的磁悬浮系统中的柔性关节；图 6-36（b）为不同磁力载荷下悬臂梁的四种变形形状。

冠状动脉支架如图 6-37 所示，冠状动脉支架是一种用于疏通心脏动脉的网状管形结构。在血管成形手术或经皮冠状动脉介入治疗术（PCI）后将其留在动脉里，以保持动脉畅通。气囊导管充气膨胀，将网状管撑开到期望的直径，从而增加心脏的血流量（此外，气囊导管本身也是柔顺机构，它本身也能用于疏通心脏动脉）。支架网上每一段丝都可看作是一个柔顺机构，并可建模为一个铰接-铰接型柔性梁。图 6-37（a）所示为冠状动脉支架 1 处于未变形的状态。支架裹在气囊导管外，气囊导管也处于未变形态。图 6-37（b）所示为充气的气囊导管帮助去除堵塞物，通常这个过程需要反复地充气和放气。处于膨胀状态的支架和气囊导管在图中用 2 标示。图 6-37（c）所示为完全展开的支架为动脉提供结构支撑，改善血液流动。

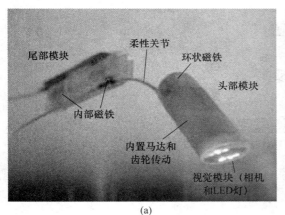
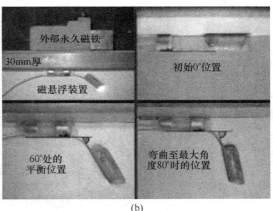

图 6-36 用于内窥镜相机的磁悬浮系统中的柔性关节

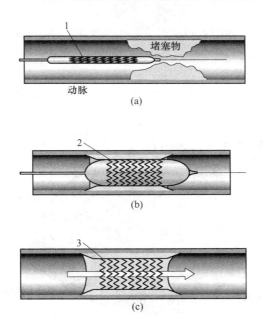

图 6-37 冠状动脉支架

原子力显微镜如图 6-38 所示。原子力显微镜利用一个连接在柔性悬臂梁上的尖锐探针扫描样本的表面。当探针划过样本表面时悬臂梁会发生变形，通过检测悬臂梁的变形运动，运用胡克定律计算出所产生的力。图 6-38（a）悬臂梁上有一个可以划过样品表面的探针。该系统还包含一个激光器、光电二极管和探测器及反馈电子元件。图 6-38（b）为原子力显微镜探针的扫描电镜照片。

心脏瓣膜如图 6-39 所示，四个心脏瓣膜由控制血液单向流动的两个或三个胶原瓣叶（collagen membrane leaflets）构成，瓣叶会受到沿血流方向的弯曲载荷作用。血流减速会形成一个正的压力梯度来关闭心脏瓣膜。肺动脉心瓣膜（pulmonary heart valve）、主动脉心瓣膜（aortic heart valve）、双尖心瓣膜（bicuspid heart valve）和三尖脉心瓣膜（tricuspid heart valve）如图所示。胶原膜的柔性使得瓣叶可以打开和关闭。

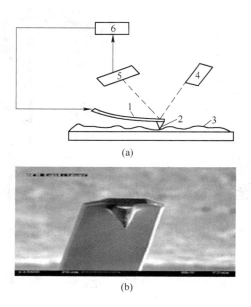

图 6-38　原子力显微镜

1—悬臂梁；2—探针；3—样品表面；4—激光器；5—光电二极管；6—探测器及反馈电子元件

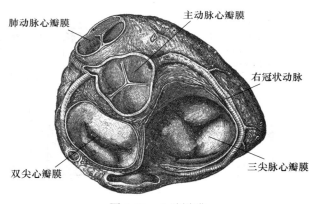

图 6-39　心脏瓣膜

柔顺心脏瓣膜插入物如图 6-40 所示，图中所示的经皮心脏瓣膜中包含一个双稳态机构。它有一个柔性环，柔性环上有三个与中间柔性体相连的瓣叶，牵拉柔性体就可以打开瓣膜或反过来闭合瓣膜。图 6-40（a）为心脏瓣膜，图 6-40（b）为插入心脏中的心脏瓣膜。

6.5.6　黏附（adhesion）现象

微机电系统设计时还应考虑黏附现象，如第 5 章中介绍的 MEMS 摩擦学等问题。黏附（adhesion）现象如图 6-41 所示，表面张力、残余应力、静电力、范德华力、氢键作用力以及表面形貌和表面能都对黏附有着一定的影响。由于微观世界的复杂性，关于微观黏附的真正机理及影响因素还需要人们不断地深入研究。

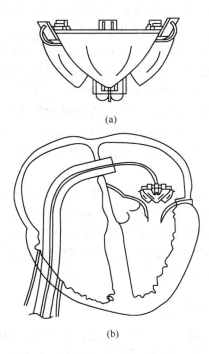

(a)

(b)

图 6-40 柔顺心脏瓣膜插入物

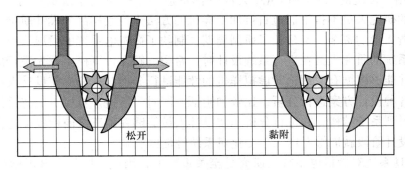

图 6-41 黏附现象

黏附（adhesion）现象的产生是微观世界的特殊规律所致，与尺寸效应和表面效应有一定关系。

有关文献针对 MEMS 黏附现象，论述了有关黏附问题的研究现状，介绍了目前研究黏附问题所用的分子动力学、连续介质法、准连续介质法、蒙特卡罗法及纳米压痕法和悬臂梁法等各种计算和实验的前沿方法，并对黏附研究的发展提出了一些展望。

6.6 MEMS CAD

随着微机电系统技术的不断发展，在材料和制造工艺方面的研究发展较快，但在设计理论和设计方法方面的研究相对滞后，阻碍着微机电系统的产品化进程。由于微机电系统具有与常规系统不同的独特之处，如尺度效应、使用特殊的工艺材料、多物理量耦合等，使传统的设计理论和方法的应用受到限制，而目前尚无较为成熟的适用于 MEMS 的设计理论和方法，因而在实际设计中不得不采用直接加工样品的方法来检验设计质量，延长了研发周期。同时，由于 MEMS 的检测设备昂贵，通过反复检测验证设计也极大地提高了产品的研发成本。这就需要有专用的 MEMS 的 CAD 工具为设计提供支持，通过对结构的直接描述或对掩膜和工艺的描述，对三维结构进行仿真分析，使设计者在设计阶段对方案进行比较和验证，检验掩膜和工艺的有效性，在设计阶段考虑工艺的变化对性能的影响，最终得到完善的产品模型。通过使用 CAD，可以有效地弥补设计手段的不足，缩短研发周期，降低研发成本，减少重复试验，从而更加快捷、准确和有效地设计新的 MEMS 产品。

随着近年商品化的计算机辅助设计软件的出现，MEMS 产品的研制开发周期得到了大大的缩短。CAD 的主要优势在于加快 MEMS 产品的设计进程，以缩短上市时间。一个好的 CAD 软件可帮助设计师快速确认设计变化产生的效果，并且对产品的制造工艺和产品本身作出评估。许多 CAD 软件所具备的实体建模和动画功能可为设计师提供虚拟原型，据此对实际产品的功能行为进行仿真。

6.6.1 MEMS CAD 的研究状况

在传统的机械电子系统研究中，有许多复杂而成熟的 CAD 系统用于机电产品和集成电路的设计，极大地提高了设计效率。而对于微机电系统的设计，目前尚没有成熟的 CAD 可供使用，传统的 CAD 和 CAM 大部分都不适用于微机电系统的设计。长期以来，微机电系统的研究人员不得不通过直接加工样机的方法来检验样品的设计质量。显然，这种方法既耗费大量的资金，又延长了研制周期，制约了微机电系统的发展。

微机电系统的研究人员在进行系统设计时，希望能够在计算机上首先进行虚拟样机的结构设计，并能够根据有关理论对虚拟样机的性能进行分析与计算，使设计人员在设计阶段就能够对各种设计方案进行分析、比较和验证。同时，通过计算机对工艺设计和掩膜设计的仿真，得到系统结构，并进行分析，使设计人员能够在加工之前检验工艺及掩膜的有效性，并在设计阶段就能够考虑工艺变化对系统性能的影响。

由于 CAD 系统对微机电系统的研究是至关重要的，因此，国外在开展微机电系统研究的初期就非常重视有关 CAD 系统的研究。目前已开发出一些较为完整的 CAD 系统，这些系统在微机电系统的研究中发挥了重要的作用。国内微机电系统 CAD 的研究起步较晚，目前研究较多的是微机电系统部件和工艺 CAD，我国在这方面的研究要落后于国际先进水平。

最初研制的用于 MEMS 器件仿真的 CAD 工具之一是美国麻省理工学院在 20 世纪 80 年代末 90 年代初研制的 MEMCAD 软件包。它是将一些已存在的非 MEMS 商品化的 CAD 软件工具中与微结构设计相关的模块组织在一起而成。

比较有代表性的 CAD 有美国麻省理工学院（MIT）和微观世界公司（Microcosm）开发的 MEMCAD。2001 年，以 MEMCAD 技术为基础的 Microcosm 公司更名为 Coventor，其产品更名为 Coventor Ware，它是全球用户最多的 MEMS CAD 软件，功能比较齐全，可以对设计制造的全过程进行仿真，包括封装以及系统级的仿真和一个流体分析模块，可对微泵、微阀进行分析。

之后，开发商们投入了大量的力量开发专门用于 MEMS 设计的商品化的 CAD 软件。智能传感器公司（Intelisense）公司在 1995 年推出了第一个专门用于 MEMS 的 CAD 软件 IntelliCad（现名 IntelliSuite）。1996 年，Microcosm 公司获得了麻省理工学院的授权，将 MEMCAD 软件商品化。其他的商品化 CAD 软件中，Tanner 的 MEMSPro 和 MEMSCaP 不包括器件分析功能。

此外，还有密歇根大学开发的 CAEMEMS 和瑞士联邦技术研究所开发的 SOLIDIS、ANSYS 的 MEMSpro 等系统。

6.6.2 MEMS CAD 的特点

由于微机电系统结构和制造工艺特点，使得微机电系统 CAD 具有以下与传统 CAD 不同的特点。

（1）微小结构尺寸引起工作机理和材料性质的变化。结构尺寸的缩小使得力的作用效应和材料的性质都发生了变化。一些在传统机械中很少考虑的力随着结构尺寸的缩小，其作用与影响明显增强，如静电力、表面张力等。同时，由于微机械加工工艺的限制，使得微机电系统中机械机构的工作机理与传统机械有很大的不同。因此，微机电系统中机械结构的设计明显不同与传统机械结构的设计。另外，由于尺寸的缩小，晶体内部的缺陷减少，因此材料的强度增加，并且表现出一些在常规尺度下不显著的性质和特征。这些材料性质的变化也会对微机电系统 CAD 设计产生一定的影响。

因此，必须与 MEMS 的工作机理和设计方法相适应，尺度效应导致了设计影响因素的变化（与表面积相关的力所起的作用加大，某些物理量由以前在设计中的忽略不计而变为重要影响因素）和材料性能的变化（随尺寸减小，晶体缺陷减少，材料强度、韧性提高），传统设计理论不能完全适用，常尺度下的经验公式，材料特性数据不再有效，从而要求运用新的设计理论和方法有针对性的解决问题。在目前缺乏完整的 MEMS 的设计理论支持下，使用 CAD 利用数值求解、仿真等手段提高设计的效率和精度具有重要的作用。

MEMS 使用材料的特殊性以及采用的不同于常规机械的加工方法，决定了其结构设计有别于常规机械，常规的结构设计原则多数不再适用，这就引起了 CAD 中三维特征造型的特征结构的变化，在 MEMS 的 CAD 中需提供 MEMS 专有的特征结构。

（2）加工方法的变化。目前在微机电系统的加工中，更多的是使用诸如光刻腐蚀等微电子加工技术，但微机电系统中有关微机械的加工，已从微电子的二维平面加工发展为三微立体机械结构的加工，在设计中更加注重所设计和制造的对象的机械特性与功能。这些都使得微机电系统中有关微机械的加工工艺与微电子的加工工艺有很大的不同，因此微机电系统 CAD 系统与微电子 CAD 系统有很大的不同，介于集成电路的 CAD 和机械的 CAD 之间。

由集成化的特点和集成电路工艺的应用决定了其必须具有集成电路 CAD 的功能特点，同时 MEMS 产品更多地使用其机械特性，且为三维立体结构，这就必须有机械 CAD 的造型、分析能力。但 MEMS 的 CAD 不等于二者的简单叠加。

在对设计结果的检测方面，微机电系统 CAD 需要有对三维机械结构的模拟手段和对各种机械性能及可靠性方面的检测功能。

（3）与微电子耦合紧密。由于微机电系统的发展方向是将微传感器、微致动器以及信号处理与控制电路集成在一起，构成一个完整而复杂的机电系统，因此对于提高微机电系统的集成度和可靠性，增加功能，降低成本是非常重要的。同时，为了解决检测问题，许多微机电系统设计有自检测线路。因此，在微机电系统中电子线路与机械部分的耦合是非常紧密的，这也必然要求其 CAD 系统提供相应的支持。

除去与微电子紧密耦合外，由于微机电系统应用的多样化，在其工作原理上必然要涉及微流体学、微热力学、化学、生物学等学科，这些学科之间的耦合问题也需要得到CAD 的支持。

此外，包含结构设计（三维实体建模）、工艺设计仿真、设计分析等模块，各模块有机的组成一体，相类似于常规计算机辅助设计中的 CAD/CAE/CAM 的集成。MEMS 的CAD 各模块不是各自独立工作，而是有机地交叉组织在一起，必须具备多物理量耦合分析求解的能力，必须有针对 MEMS 的工艺和材料的数据库。

综上所述，由于微机电系统涉及机械和微电子等多个领域，因此，微机电系统 CAD既不是传统机械的 CAD，也不是传统的微电子的 CAD，而且微机电系统也不是两者简单的相加，而是两者之间有机的结合与扩展，同时还考虑与其他学科的耦合问题。

6.6.3　MEMS CAD 的设计原则

由于微机电系统与传统的机械和微电子系统在设计、加工上存在很大的差别，因此，微机电系统 CAD 的研究必须与此相适应，要遵循以下的一些原则：

（1）微机电系统技术涉及微电子学、微机械学、微动力学、微流体学、微热力学、材料学、物理学、化学、生物学等，这些作用域相互作用，共同构成了完整的系统，实现确定的功能。多能量域的耦合问题是微机电系统 CAD 最迫切、也是最难以解决的问题。

（2）由于微机电系统的制造目的是得到三维的几何结构，因此，微机电系统 CAD 要能够提供自动生成三维模型的工具，要有结构仿真器。

（3）微机电系统的加工制造过程不仅会改变结构的几何参数，还会改变材料的性质，材料性质的改变将会影响结构的电子和机械特性。因此，微机电系统 CAD 必须建立相应的材料特性数据库，并且可以根据工艺流程自动地将材料特性插入三维几何模型中。

（4）微机电系统的器件在几何上是复杂的三维结构，在物理上各种能量域相互耦合。计算中不仅要进行内部的量化分析，还要进行结构外部的各种场的分析（如电场、流场等）。这些分析计算量大，耗时长，而且要求有较大的内存，因此，微机电系统 CAD 要以快速有效的算法作为基础。

使用 CAD 进行微机电系统设计的过程是：通过掩膜及工艺，或结构的直接描述，由结构仿真器生成三维几何模型。然后从材料数据库中提取元件的材料特性，将其插入几何模型中，生成完整的三维模型，再用该模型进行多能量域的分析。

6.6.4　MEMS CAD 软件的构成

微机电系统 CAD 的结构流程如图 6-42 所示。

（1）MEMS 的制造目的是为了得到三维的几何结构，因而必须有参数化的实体建模工具；

（2）MEMS 基于集成电路工艺，应具备 IC 设计工具；

（3）MEMS 涉及多物理场，因而应有对力、热、电、流体等的耦合作用求解器；

（4）作为联系掩膜、工艺和三维模型的桥梁，应有结构仿真器；

（5）MEMS 使用的特殊制造工艺和材料，以及微尺度下材料性能的变化，制造工艺对材料性能的影响，决定了工艺材料数据库的重要性；

（6）用于分析结果显示的可视化工具。

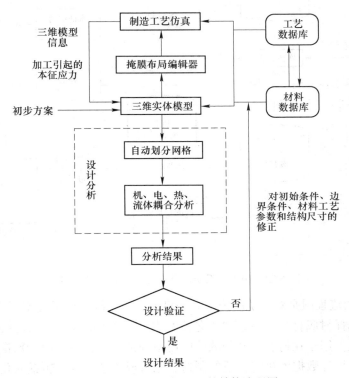

图 6-42　微机电系统 CAD 的结构流程图

　　微系统的 CAD 软件仍处在发展阶段，一个有效的 CAD 软件应至少包括三个主要的相互关联的数据库：（1）机电设计数据库；（2）材料数据库；（3）制造数据库。包括上述数据库的 MEMS CAD 软件的一般结构组成内容如图 6-43 所示。

　　由图 6-43 可知，设计数据库必须提供信息和工具，例如用于设计综合分析的推理机，有限元（FEA）和边界元（BEA）的节点信息以及其他设计依据的相关图表。材料数据库在微系统 CAD 中的必要性是显而易见的，这是由于用于微系统的许多材料的特性是从传统的材料手册中无法得到的。材料数据库中应包括关于材料特性的完整信息，许多特性将以二维或三维图表的形式给出。这些材料也应包括压电和压阻等功能材料。

　　用于微系统设计的制造数据库可对各种制造加工工艺进行仿真。制造数据库中也包括对晶片的处理，例如光刻和薄膜沉积工艺中的清洗工序。制造工艺仿真的结果通常包括内部的残余应力应变和其他本征应力，这些数据将作为其后设计分析的输入条件。通过 CAD 提供的实体建模工具，工程师可用三维投影显示其所设计的产品模型。大多数 CAD 软件具有动画功能，从而使所设计的产品的功能以可视化的形式在虚拟原型上实现。

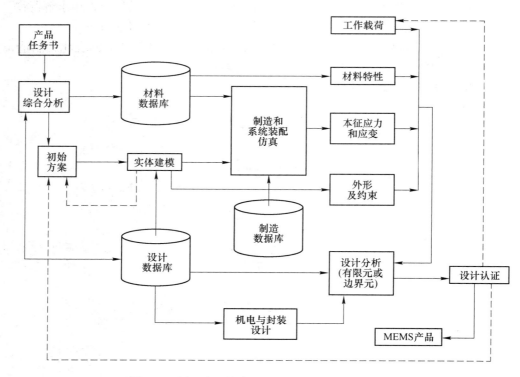

图 6-43　用于微系统产品设计的 CAD 的基本结构

　　图 6-43 中的流程图是对系统的说明。一旦通过设计综合分析确定了产品的基本方案，设计师将首先选择衬底材料，建立"工艺流程表"。CAD 将从制造工艺数据库中提供光刻衬底预处理信息。用于在衬底上光刻的掩膜可由外部输入，或在设计数据库内部创建。之后，设计师提供设计数据库决定合适的制造工艺流或工艺步骤，包括氧化、扩散、离子注入、刻蚀、沉积及键合等可能工艺。CAD 软件可提供所选工艺的详细信息，例如刻蚀工艺的蚀刻剂及各种刻蚀工艺所需的时间。CAD 在材料数据库和制造数据库间建立自动的信息流。制造工艺确定后，便开始机电设计。这里，设计师提供实体模型用于自动划分网格进行机电分析。根据产品的特性，CAD 通过有限单元法对热、机械强度及静电和电磁做出分析。对后者的有限元分析需输入电势和电流。在设计结果的图形显示方面，CAD 提供了对设计产品运动学和动力学影响的动画显示功能。如至此认为设计结果符合需求，设计师即可完成设计；否则，可对产品方案、加载或边界条件进行修正，重新进行设计分析，直至设计目标和需求得到满足为止。

6.6.5　MEMS CAD 软件的应用软件工具介绍

6.6.5.1　微机电系统 CAD 的开发方式

　　（1）自主开发针对 MEMS 全过程的 CAD 软件，包括掩膜布局、三维建模、工艺仿真、工艺材料数据库和设计分析等部分。

　　（2）通用大型有限元分析软件增加 MEMS 设计模块。

（3）针对特定类型的系统或结构设计的 MEMS 的 CAD 工具。

6.6.5.2 IntelliSuite

IntelliSuite 是智能传感器公司（IntelliSense）开发的商品化的应用于 MEMS 的 CAD 软件包，由以下各部分组成：

（1）制造仿真（fabrication simulation）。

1）工艺设计标准模板（含标准工艺进程表，并可自定义工艺模板）；

2）薄膜材料数据库（不同工艺下的材料特性及材料特性随工艺的变化）；

3）各向异性蚀刻仿真 AnisE（可对多种蚀刻剂、浓度、温度条件分析仿真）。

（2）掩膜布局编辑器（IntelliMask layout tools）。

可创建单层掩膜或多层掩膜组，通过 DXF 或 GDS II 格式输入/输出布局图形。

（3）自动网格生成（Meshing）。

根据三维模型自动划分有限元网格，并可对机、电等性能独立划分网格。

（4）构件性能分析。

分析结果以表格、图形或三维动画的形式显示。

分析内容包括：

1）通用分析。

①静态、稳态、瞬态分析；

②线性、非线性分析；

③3D 动力学分析；

④参数变化引起的性能变化；

⑤加工工艺引起的效应；

⑥动画、贴图、着色；

⑦自其他工程 CAD 输入输出数据。

2）静电、热力学、全三维耦合的热、机、电分析。

①电、热引起的位移；

②电容引起的电压、热变化；

③输入电压、触点、滞后回路的计算；

④应力、热、电势、电荷、压力分布；

⑤装配分析；

⑥装配后的耦合分析；

⑦固有频率、加载波型；

⑧热传递，即辐射、传导、对流。

3）压电、压阻分析。

①电压加载引起的位移变形；

②固有频率、加载波型；

③应力分布。

4）机械-电磁分析。

①阻抗电阻矩阵、电感、力分布的计算；

②低频电磁启动；

③高、低频系统仿真。

5）3D 流体–热–机械分析。

①瞬态压膜阻尼；

②微管道流动、微混合腔、微热交换分析；

③移动界面的 3D 多相流；

④膜泵、瓣（舌形）阀；

⑤喷墨喷嘴仿真。

6.6.5.3　MEMCAD

MEMCAD 是一个集成的模块化的系统软件，能够针对微系统的某些功能模块、典型器件或加工工艺在器件级上进行计算机模拟设计，并可实现产品的最后封装设计和模拟。在 MEMCAD 中，既有可用于结构力学有限元分析的 ABAQUS 核心模块，又有可用于静电场边界元结构的 FASTCAP 软件包源程序，以及可用于流体分析、热分析以及磁场分析等的各种成熟的软件模块。

MEMCAD 可完成以下几个方面的设计模拟工作：

（1）建模。建模包括 MEMS 二维设计编辑器、MEMS 材料特性库、MEMS 工艺描述库及三维造型和网格工具等。

（2）部件模型。部件模型包括微系统设计中热、电、力、流体、光等多物理场的耦合求解，部件分析模拟、参数化分析、三维可视化及结果查询等。

（3）系统模型。结合自上而下及自下而上两种 MEMS 设计方法，导入 EDA IC 设计工具的接口，模拟信号、混合信号及 MEMS 元件的参数分析。具有 MEMS 元件模板库和机械与混合电子模型单元的 MEMS 系统模拟。

（4）封装。三维封装模型及分析，三维器件封装的耦合设计和模拟。

6.6.6　使用 CAD 的设计实例

将商品化的 CAD 软件 IntelliSuite 用在微细胞夹持器的设计之中。软件包由类似于图 6-43 中的三个主要数据库组成：（1）材料数据库；（2）机电数据库；（3）制造工艺数据库。该软件提供了可选用的材料如下：

（1）衬底材料，包括硅（Si）、多晶硅、砷化镓（GaAs）、石英、青玉（蓝宝石）、氧化铝、掺杂半导体材料。

（2）连接与掩膜材料，包括铝（Al）、金（Au）、银（Ag）、铬（Cr）、二氧化硅（SiO_2）。

（3）其他衬底和绝缘材料，包括二氧化硅（SiO_2）、氮化硅（Si_3N_4）。

（4）光阻材料。

以下的设计实例说明了设计过程的各个步骤，未在成本优化和制造时间方面作出分析，仅对以单个晶片制造单个夹持器做出了设计。当然，在实际设计中要考虑单个晶片上的最大 MEMS 元件产量。

本例中的方案为在衬底晶片上以氧化、沉积和溅射工艺构造全部所需层。这些层构成了电绝缘、夹持结构和电极。体加工刻蚀用于去除材料，形成所需夹持器。IntelliSuite 软件提供每一工步后衬底的实体模型及每一工步的预期时间。实体模型也将用于机电分析中以评价微结构的可靠性。

这一设计实例的主要步骤如下。

第1步：衬底选择。选择硅晶片作为夹持器的衬底材料。晶片为标准直径100mm，切片为Czochralski法制造的单晶硅晶片，厚度为500μm。晶片表面为标准（100）晶面。

第2步：衬底清洗。设计者选用Pirahna溶剂清洗晶面，这也可以由CAD提供选择。本溶剂包括75%的H_2SO_4和25%的H_2O_2。衬底在溶剂中浸泡10min。清洗后的晶片准备用于对其某一表面的氧化处理。

第3步：干法SiO_2沉积。在晶片表面沉积1μm厚的SiO_2层，在细胞夹持器中静电致动的阳极与阴极之间起电绝缘作用。由CAD软件确定的沉积工作条件为：温度1100℃，压力101KPa。

第4步：LPCVD沉积多晶硅结构层。多晶硅为细胞夹持器结构材料。采用中温LPCVD工艺在氧化层上沉积一层1.2μm厚的多晶硅层，详细工艺参数由IntelliSuite给出。沉积温度在500～900℃之间，退火温度1050℃。CAD软件给出的工序时间为60min。

第5步：铝溅射。沉积一层铝膜在电极间传递电流，起导线作用。在多晶硅层上用溅射法沉积一层3μm厚的铝膜。这一工序的预期时间为10min。

第6步：涂敷光阻材料。在铝层上涂敷一层正型光刻胶。采用速度为4000r/min的旋涂器使光刻胶均匀涂敷。光刻胶覆盖的衬底组件在115℃下烘干，形成3μm厚的光刻胶层。

第7步：UV（紫外光）曝光光刻。使用光刻通过掩膜制造阳极和阴极，光刻工艺采用功率为250W，波长$\lambda = 436$nm的UV光源。曝光时间为10s。由CAD提供掩膜。

第8步：湿法刻蚀去除光刻胶。使用KOH溶剂作为蚀刻剂去除已曝光的光刻胶。未曝光的光刻胶与铝膜保持紧密连接。

第9步：湿法刻蚀铝层。选用专门的蚀刻剂去除表面未被保护的铝层。蚀刻剂成分为75%的H_2SO_4、20%的$C_2H_4O_2$和5%的HNO_3。被去除的铝层厚度为3μm。此工序估计需15min。

第10步：湿法刻蚀去除铝层表面的光刻胶。再次使用KOH溶液去除留在铝的阴、阳电极表面的光刻胶。

第11步：沉积光刻胶，光刻夹持器结构。采用与第6步相同的程序在晶片表面涂敷一层光刻胶。采用与第7步相同的程序，使用夹持器结构轮廓制造的掩膜进行光刻。

第12步：湿法刻蚀去除光刻胶。采用与第10步相同的程序操作。

第13步：反应离子刻蚀法（RIE）刻蚀多晶硅。由于夹持器结构具有相对高的高深比，故选用RIE去除无保护层的多晶硅部分，以形成夹持器网状结构。这一工艺的化学反应中采用含氯或氟的等离子体。

第14步：去除SiO_2牺牲层。这一步包括湿法刻蚀和激光光化学刻蚀工艺。后者使用SiH_4蚀刻剂和强度为0.3J/cm^{2}的KrF激光光源。两种刻蚀结合使用达到40×10^{-10}m/s的速率。这一步使夹持器的臂和末端与SiO_2层脱离。

第15步：分离夹持器与衬底结构。上一步之后的网状结构，即夹持器结构，与硅衬底间通过SiO_2层紧密连接。从衬底上分离夹持器结构需要去除二者之间的SiO_2层（牺牲层）。去除这一薄层可采用薄金刚石锯或Kim的论文所提到的"侵蚀孔"技术。

第 16 步：机电分析。这一分析的目的是确认以上工艺制造的夹持器是否能达到预期的功能。

首先进行电荷密度分析，在铝电极上施加电压进而确定梳状驱动器内的最高电量是否足以产生执行夹持动作的足够的静电力。CAD 软件给出电荷密度分布图，以颜色代码标出夹持结构不同部位的电荷密度。工程师由此确认梳齿是否具有足够的静电电荷量以产生所需的夹持力。

电荷密度分析之后进行有限单元应力分析，以确保：（1）夹持结构在 x、y 或 z 方向的最大应力不致过大。Mises 应力必须控制在材料的屈服应力以下。（2）结构变形不应过大而影响梳状驱动致动器的功能。CAD 软件可对夹持结构自动生成有限元网格，分析结果在实体模型中以节点颜色标明。

最后 IntelliSuite CAD 软件生成细胞夹持器实体模型。

复习思考题

6-1 MEMS 工艺与微电子工艺技术有哪些区别？

6-2 依据 MEMS 制作工艺技术，设计实现一种微结构器件，并简述其制作流程。

6-3 列举几种你所知道的 MEMS 器件，并简述其用途。

6-4 简述刚性机构、柔顺（柔性）机构和全柔顺（全柔性）机构的特点，并说明全柔顺机构所具有的哪些特点适合 MEMS 设计。

6-5 微机电系统的设计和传统机械产品的设计的主要区别是什么？

6-6 MEMS CAD 和传统 CAD 相比较，具有哪些相同点和不同点？

7 LEMs 柔顺机构的设计

本章主要研究适合于微机电系统结构设计的平面折展柔顺机构，介绍了平面折展柔顺机构的定义、特点和在 MEMS 中的应用。柔性铰链是平面折展柔顺机构的重要组成部分，介绍了两种基本形状的柔性铰链（外 LET 柔性铰链和内 LET 柔性铰链），对外 LET 柔性铰链的扭转等效弹簧刚度和拉压等效弹簧刚度进行了分析，设计了环形柔性铰链，给出了其扭转等效弹簧刚度分析过程，主要介绍了一种微平面折展柔顺机构（高平行度双稳态微夹持机构）的设计与分析，最后，介绍了多层 LEMs 柔顺机构的设计与分析方法，并给出了设计实例。

7.1 LEMs 柔顺机构概述

现代机构学与多种学科交叉、融合成多种新的学科分支，为机构学发展提供了强大的生命力，也为机构学的创新方法开阔了思路。现代机械装备向"重大精尖"或"微小精密"等方向发展的趋势，要求机构简单紧凑、成本低廉且能完成复杂运动。因此，应用尽可能少量的构件实现复杂动作过程，即可采用非刚性机构（柔顺机构）来完成某些工艺动作，这是一种有效的机构创新方法；其二，应用尽可能小的占用空间实现复杂精密的运动，因为空间成本也成为机构创新设计要考虑的重要要素之一，可用柔顺机构中的 LEMs 机构来实现。

如第 6.5.3 节所述，柔顺机构是一种利用构件自身的弹性变形来完成运动和力的传递与转换的新型机构。相比传统机构，柔顺机构构件数目、机构的重量以及加工、安装的时间和费用大大减少，机构中的间隙、摩擦、磨损及润滑等复杂问题也得到很大程度的改善，从而可以提高机构精度、增加可靠性、减少维护等。仅以它在微机电系统（MEMS）的应用为例说明柔顺机构的优势。MEMS 系统主要用分层制造技术由多晶硅加工而成，因此其加工受到维度的限制。而柔顺机构可以实现平面、整体加工，较少装配，占用较少空间，降低复杂性，因此柔顺机构在 MEMS 加工制造中体现出明显的优势，如与图 7-1（a）中刚性铰链相比，图 7-1（b）中短臂柔铰的加工和装配过程大大简化。

平面折展柔顺机构（lamina emergent mechanisms，简称 LEMs）是近几年发展起来的一种新型柔顺机构，常用于微观（MEMS）或宏观领域中设计条件或存储空间受限的场合。它是利用自身柔性构件的弹性变形来传递或转换力、运动或能量的一种全柔顺机构。虽然 LEMs 机构有市场需求和性能优势，但由于其分析和设计的复杂性，设计者很难把它运用到实际设计和应用中。因此，本章主要介绍 LEMs 设计实例及其分析方法。

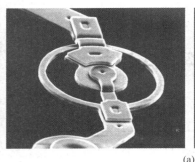

(a)

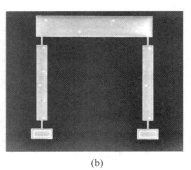

(b)

图 7-1   微型平行四杆机构

（a）刚性机构；（b）柔顺机构

7.1.1   LEMs 柔顺机构的定义

平面折展柔顺机构是在同一材料平面内加工完成，并可实现在平面外运动的新型柔顺机构。其最大的特点是机构由二维薄板平面加工生成而能实现三维运动，除具备柔顺机构零件数量少、重量轻、加工装配维护的成本低、磨损小、精度和可靠性高等优势外，它还有着独特的功能特点：（1）材料平面内加工；（2）可向加工平面外运动。这使其加工过程简单、经济，加工材料种类多、成本低；空间小、结构紧凑。图 7-2 所示的空间球面 LEMs，其中（a）为该空间球面 LEMs 的平面状态，（b）为其运动状态。随着其独特优势不断地凸显，已引起越来越多的学者关注与重视。

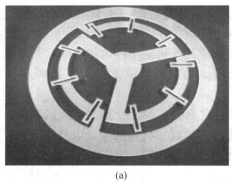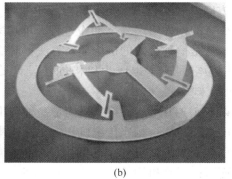

(a)   (b)

图 7-2   空间球面 LEMs

（a）空间球面 LEMs 的平面状态；（b）空间球面 LEMs 的运动状态

7.1.2   LEMs 柔顺机构的特点

平面正交机构的特点一般是平面初始状态而实现平面外运动，且可高度展开、折叠；变胞机构的优势在于能够根据环境和工况的变化和任务需求进行自我重组和重构；柔顺机构则具有整体性，可以利用机构中柔性片段的弹性变形来完成运动。LEMs 是柔顺机构、变胞机构、平面正交机构的交集，与平面正交机构、变胞机构以及柔顺机构的关系如图 7-3 所示。因此 LEMs 具有它们各自的优点，具有柔顺机构无运动副、运动精度高的特点，适用于微型精密机械；具有变胞机构运动随环境、工作状态改变的特性，能够实现机构运动中自由度变化或运动性能改变；还具有平面正交机构面内加工实现面外运动的特性，使平面加工的柔性机构运动范围大幅提高，即 LEMs 具有柔顺机构、平面正交机构及变胞机构三者的优点，可以实现如四杆机构、滑块机构等简单的运动，还能实现如球面机构（见图 7-2）、斯蒂芬森机构等更加复杂的运动。LEMs 柔顺机构的特点主要包括：

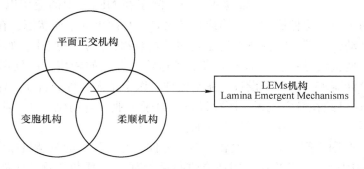

图 7-3　LEMs 与相关机构的关系图

（1）平面内制造。这一特点影响了机构加工生产的工艺过程和材料选取。从加工和运动特性方面考虑，其初始状态为平面的特点，使其在降低加工成本和使用平面薄板材料上获得了很大的优势。平面加工材料的种类较多并且成本低，加工过程简单、经济。在微观领域，为单层 MEMS 制造的方法和材料的选取提供低成本和高可靠性的优点，可加工成单片柔性 MEMS，从而大大降低成本并提高系统可靠性，也为实现复杂的平面外运动提供了可能性；从宏观方面来说，能利用生产静态机构的制造加工方法来加工 LEMs，使其能实现如球形机构等复杂运动，这些加工方法包括冲压、切断、精细落料、激光切割、水射流切割、等离子切割和金属丝电火花切割加工等，而其中的一些加工方法，如冲压，为大批量生产提供了重要的成本优势。具有升降和转动功能的 LEMs 机构如图 7-4 所示。

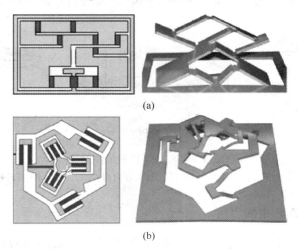

(a)

(b)

图 7-4　具有升降和转动功能的 LEMs 机构

（2）平面初始状态。LEMs 的初始平面状态使该类机构一般具有极端紧凑的特点。在高度受限空间中，LEMs 紧凑的机构使其具有非常大的吸引力，且 LEMs 能极大的减少运输、存储等方面的成本。

（3）整体性。单层性、整体式的 LEMs 具有一般柔顺机构的许多特征。例如装配间隙和磨损的消除很大程度上满足了机构对精度的要求，而多层 LEMs 通常也无需进行装配。

7.1.3　LEMs 柔顺机构的应用

作为一种新型柔顺机构，LEMs 应用广泛。除了在 MEMS 中的应用以外，由于 LEMs 机构初始状态为平面，这种机构在运输或存储时是一种简单的平面状态，在特定的位置展开实现复杂的运动，故其在需要节省运输空间的场合得到了广泛应用，如外科手术器械、太空使用装置、搜救设备；它不但大大降低了运输和存储的费用，而且在机构空间受限时，能够满足设计需求，如电子设备、航空器件、医学植入装置。目前，作为柔顺机构的重要类型，LEMs 已经在航空航天、医疗设备、电子工业、自动化工业、生物医学等领域发挥了重要作用。主要应用在以下几个方面：

（1）在高度受限空间，如电子设备、航空零件、医疗移植的复杂机械中；

（2）在运输中比较紧凑并在使用地方进行后续部署的复杂装置，比如外科手术医疗器械、用于太空的机构、应用于研究以及抢险工作的设备；

（3）加工制造空间受到限制的地方。

以注射器为例，介绍 LEMs 机构在医疗领域的应用。这个产品便于携带出行在紧急状况下注射药物。设备可以设计成平面存储，注射时向平面外运动。它包含了被弹簧分开的三层（见图 7-5（a））。底层为稳定的基体，用于压住病人的腿；中间层为导向机构（见图 7-5（b）），引导针头穿过，由转动铰链安装一个转动滑块；顶层为针头，安装在通过旋转铰链固定的滑块上，靠柔性铰链的变形实现旋转（见图 7-5（c））。零件数目比以往任何专利或产品都少，机构能实现垂直运动，这是其他类型柔顺机构所不能实现的。最后，LEMs 对称弹簧减小了对于加工过程的敏感程度，在变形程度、稳定性、作用力、能量储存方面的性能较好。它有较薄的外形，同时有大的垂直方向的变形量，满足了功能要求。

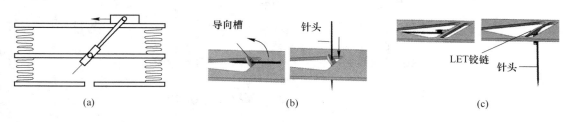

图 7-5　含有 LET 铰链的注射器

（a）卡片尺寸注射器概念设计；（b）针头导向构件图；（c）LET 扭转铰链图

7.1.4　LEMs 在 MEMS 中的应用

由于平面加工易于实现，使其在 MEMS 等加工技术受限的领域也体现出优势。在微观领域，MEMS 为 LEMs 机构的应用提供了得天独厚的条件。大部分 MEMS 器件用平面加工技术加工，但往往需要实现空间运动或定向运动，这使得设计和加工过程非常复杂，而 LEMs 很好地解决了这个问题。

美国哈佛大学以 LEMs 机构为基础研制出弹出式微型机器蜜蜂，高度仅 2.4mm。这种机器蜜蜂采用薄片材料加工，激活时从薄片上弹出。尺寸与一枚美国二角五分硬币相当，一张薄片可以弹出几十只机器蜜蜂。薄片材料由碳纤维、塑料薄膜、钛、铜和陶瓷构成，使用激光进行切割，而后由机器人组装，能够实现大规模快速生产。薄片共 18 层，装有柔性关节，允许只有 2.4mm 高的三维机器人一次性完成组装，就像立体书一样。可以在蜜蜂的身体上安装芯片、传感器和执行器。除了具备飞行能力外，还可以像一个动物群落一样"自治"，如图 7-6 所示。

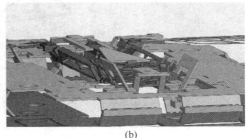

(a)　　　　　　　　　　　　　　(b)

图 7-6　弹出式微型机器蜜蜂

柔顺机构的优点是易于小型化，例如，微机电系统（MEMS）通常采用平面多层工艺加工，而柔顺机构在这种加工形状受到极端约束的条件下提供了获得运动的途径（见图 7-7，该装置的扫描电镜照片（左上）、它的柔性段特写（右上）、以及它在两个稳定平衡位置的照片（下））。同时，柔顺机构有可能成为构建纳米尺度机械的关键。

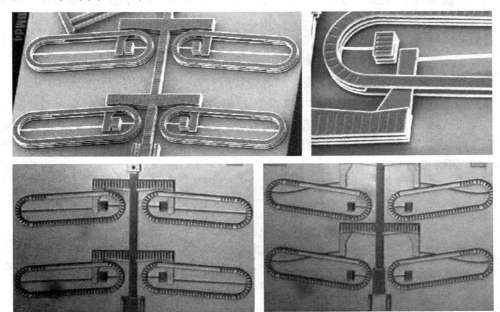

图 7-7　多层柔顺微机电系统（MEMS）

LEMs 技术已经发展成为能应用于商业产品实现特定功能的科学技术。阐述某种产品适合运用 LEMs 技术的判断标准，找出运用 LEMs 技术的潜在应用，有利于提高产品性能、降低成本，使其具有更大的市场空间。Albrechtsen 等总结了潜在运用场合的判断标准。它经常用于以下装置：

（1）一次性产品：发挥 LEMs 机构加工装配简单、经济的优势。

（2）阵列装置：LEMs 机构可单片制作，装配、运输成本低，增加产品可行性，如用于城市交通、高速公路中收集能量的发电装置，太阳能追踪系统动态的绝缘层等。汽车上太阳能板的追踪阵列如图 7-8 所示。

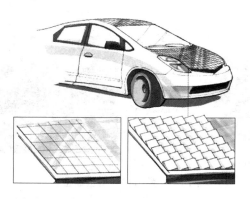

图 7-8　汽车上太阳能板的 LEMs 追踪阵列

（3）微型机构：LEMs 机构平面加工、零件数目少的特点可使其在 MEMS 领域广泛应用，许多 MEMS 机构从平面状态运动到面外本身就具有 LEMs 技术特点，如投影机、显微镜的驱动系统及基于 MEMS 的光调幅器。另外，医学 MEMS 设备能在身体的单个细胞上进行各种操作，诊断疾病并释放相应的药物；大量的微切割机构用于清理动脉结块，这避免了繁琐的外科医治，类似的设备可用于清理工业管道。微飞行器的研究已经广泛展开。

（4）贺卡等弹起的装置：LEMs 机构加工和储存时为平面，展开时可实现复杂、独特、非直观的运动效果。如可用于设计产品包装的打开、三维的平板游戏等。

（5）吸振装置：LEMs 机构运动过程中储存能量，对弹簧和阻尼有较好的控制；可用于运动场地、跑马场、运动鞋、坐垫的减振设计。此外，用多层减振 LEMs 机构设计的装甲防护装备也具有较好的防弹性能。运动场地上能够提高弹簧和阻尼性能控制的吸震LEMs 装置如图 7-9 所示。

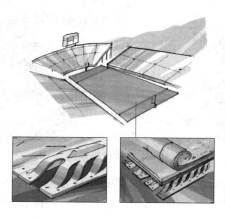

图 7-9　能够提高弹簧和阻尼性能控制的吸震 LEMs 机构

7.2　LEMs 铰链

LET 柔性铰链是 LEMs 的重要组成部分，两种基本形状的 LET 柔性铰链如图 7-10 所示。其中图 7-10（a）是扭转片段的宽度大于杆件宽度的外 LET 柔性铰链，图 7-10（b）为扭转片段的宽度小于杆件宽度的内 LET 柔性铰链，两者均由连接片段和扭转片段构成。连接片段主要起连接作用，而扭转片段则主要承受扭矩，其扭转情况类似于矩形横截面梁的扭转。

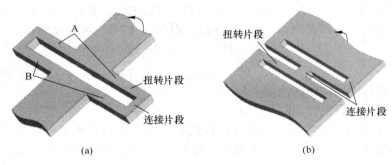

图 7-10　LET 柔性铰链
（a）外 LET 柔性铰链；（b）内 LET 柔性铰链

LET 柔性铰链往往和 LEMs 中各杆件连成一体，可以用单层平面材料制造。用单层平面材料加工可以大大降低加工难度，同时减少加工时间，降低加工成本。LET 柔性铰链的高柔性和基于单层平面材料制造的特点使其具有较大的角位移，但当有非轴向的载荷作用在 LET 柔性铰链上时，该柔性铰链会产生拉伸或压缩变形，因此一般不能应用在精密工程设备中。

7.2.1　外 LET 柔性铰链的扭转等效弹簧刚度分析

外 LET 柔性铰链在受到如图 7-10 所示的转矩 T 时，扭转片段发生扭转变形而连接片段发生弯曲变形，因此可以将这两类片段分别等效为对应的扭转弹簧和弯曲弹簧，如图 7-11 所示，根据弹簧刚度的串并联关系就可得出整个铰链的扭转等效刚度 k_{eq}。

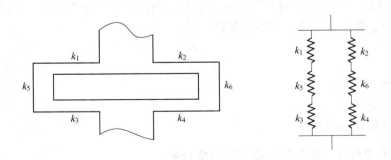

图 7-11　LET 铰链及其等效弹簧模型

外 LET 柔性铰链的力-变形关系由等效弹簧刚度系数 k_{eq} 确定，而 k_{eq} 由所有单个弹簧的组合情况确定。

$$T = k_{eq}\theta \tag{7-1}$$

式中　T——作用在柔性铰链上的总扭矩；

　　　k_{eq}——等效弹簧刚度系数；

　　　θ——铰链扭转角度，rad。

由弹簧的串并联关系知：

$$k_{eq} = \frac{k_1 k_3 k_5}{k_1 k_3 + k_1 k_5 + k_3 k_5} + \frac{k_2 k_4 k_6}{k_2 k_4 + k_2 k_6 + k_4 k_6} \tag{7-2}$$

外 LET 柔性铰链的结构是对称的，因此扭转片段的抗扭刚度相等，即：$k_1 = k_2 = k_3 = k_4$，连接片段的抗弯刚度也相等，即：$k_5 = k_6$。因此式（7-2）可简化为：

$$k_{eq} = \frac{2k_T^2 k_B}{k_T^2 + 2k_T k_B} = \frac{2k_T k_B}{k_T + 2k_B} \tag{7-3}$$

式中　k_T——扭转片段的扭转刚度系数；

　　　k_B——连接片段的弯曲刚度系数。

由于外 LET 柔性铰链主要变形是发生在扭转片段上的扭转变形，因此连接片段的弯曲刚度系数一般远远大于扭转刚度系数即：$k_B \gg k_T$，将其视为刚性元件，式（7-3）也可进一步简化为：

$$k_{eq} = k_T \tag{7-4}$$

每一个扭转片段的扭转刚度系数 k_T 可由式（7-5）表示：

$$k_T = \frac{K_i G}{L_i} \tag{7-5}$$

式中　L_i——扭转片段的长度；

　　　G——剪切模量；

　　　K_i——与横截面几何形状有关的参数。

其中 K_i 的近似方程为：

$$K_i = wt^3 \left(\frac{1}{3} - 0.21\frac{t}{w} \right) \tag{7-6}$$

式中　w——横截面的宽度；

　　　t——横截面的厚度。

每个连接片段弯曲变形时可以视为短壁柔铰，用伪刚体模型来模拟。因此连接片段的弯曲刚度系数 k_B 等于短壁柔铰的弹簧常数，即：

$$k_B = \frac{EI_B}{L_B} \tag{7-7}$$

式中　E——弹性模量；

　　　I_B——梁的惯性矩；

　　　L_B——连接片段的长度。

7.2.2　外 LET 柔性铰链的拉压等效弹簧刚度分析

如果驱动外 LET 柔性铰链不是单纯的力矩，或者力不是始终与杆件垂直，就会产生耦合运动。虽然这种耦合运动会出现在任何方向，但外 LET 柔性铰链的变化趋势仅仅是在拉伸或压缩方向。当扭转片段发生变形时，铰链产生压缩或拉伸变形，如图 7-12 所示。理想情况下，外 LET 柔性铰链在绕轴转动时扭转刚度非常小，而在其他方向上保持较高的刚度，且拉伸或压缩变形越小越好。为了保证这一点，提出了拉压等效刚度 k_{ec}。

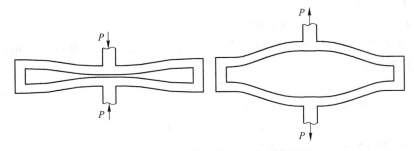

图 7-12　铰链的压缩、拉伸变形图

外 LET 柔性铰链在受到拉（压）力时（见图 7-12），铰链的受力与位移之间的关系可表示为：

$$P = k_{ec}d \tag{7-8}$$

式中　P——施加在柔性铰链上的拉（压）力；

$\quad k_{ec}$——拉压等效刚度；

$\quad d$——铰链的拉伸（压缩）距离。

外 LET 柔性铰链在受到拉（压）力时，扭转片段发生弯曲变形，而连接片段此时的刚度很大基本不发生变形，则铰链的拉伸（压缩）变形由四个扭转片段的弯曲变形叠加而成。每个扭转片段的伪刚体模型此时可以视为固定—导向梁。由于每个扭转片段的几何参数相等，并且可以将连接片段视为刚体，则铰链拉伸（压缩）的整体刚度就等于任意一个扭转片段的刚度。固定—导向梁的伪刚体模型（关于伪刚体模型的具体内容可参阅参考文献［1］和［2］）如图 7-13 所示。

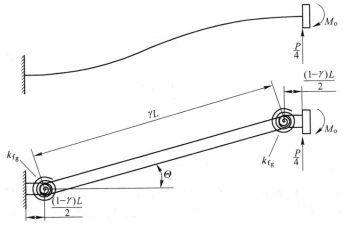

图 7-13　固定—导向梁的伪刚体模型

在固定—导向梁的伪刚体模型中，弹簧刚度系数 k_{fg} 用式（7-9）表示为：

$$k_{\text{fg}} = 2\gamma K_{\theta} \frac{EI}{L} \tag{7-9}$$

式中 γ，K_{θ}——通常采用近似值，$\gamma = 0.85$，$K_{\theta} = 2.65$；

   E——弹性模量；

   I——梁的惯性矩；

   L——固定—导向梁的长度。

由于外 LET 柔性铰链压缩或拉伸的变形量是固定—导向梁变形量的 2 倍，因此柔性铰链压缩或拉伸的总距离为：

$$d = 2\gamma L\sin\Theta \tag{7-10}$$

式（7-10）中的 Θ 可以由下式求得：

$$\cos\Theta\gamma LP = 4k_{\text{fg}}\Theta \tag{7-11}$$

式中 P——施加在铰链上的拉力或压力。

由式（7-11），得：

$$\frac{\Theta}{\cos\Theta} = \frac{\gamma LP}{4k_{\text{fg}}} = c \tag{7-12}$$

由于 Θ 极小，$\Theta \approx \sin\Theta$，则：

$$\frac{\Theta}{\cos\Theta} = \frac{\sin\Theta}{\cos\Theta} = c \tag{7-13}$$

因此：

$$\sin\Theta = \frac{c}{\sqrt{c^2 + 1}} \tag{7-14}$$

总距离为：

$$d = 2\gamma L\sin\Theta = 2\gamma L \frac{c}{\sqrt{c^2 + 1}} = \frac{2\gamma L^3 P}{\sqrt{L^4 P^2 + 64K_{\theta}^2 E^2 I^2}} \tag{7-15}$$

通常情况下 E^2 很大，这使得 $L^4 P^2$ 相比于 $64K_{\theta}^2 E^2 I^2$ 非常微小，因此可以将其忽略，则：

$$d = \frac{\gamma L^3 P}{4K_{\theta} EI} \tag{7-16}$$

整理得：

$$\frac{P}{d} = \frac{4K_{\theta} EI}{\gamma L^3} \tag{7-17}$$

因此：

$$k_{\text{ec}} = \frac{4K_{\theta} EI}{\gamma L^3} \tag{7-18}$$

综上所述，式（7-1）和式（7-18）分别表示了扭转等效刚度和拉压等效刚度的计算公式，可用于设计该铰链并作为对其性能进行优化的目标函数。

7.2.3 环形 LET 铰链的设计

为了提高 LET 铰链的抗拉压性能，可设计环形 LET 柔性铰链的结构如图 7-14 所示。

7.2.3.1 环形 LET 柔性铰链的扭转等效弹簧刚度分析

环形 LET 柔性铰链的一般平面结构及其等效弹簧模型如图 7-14 所示。整个环形 LET 柔性铰链可分为四个对等的部分，每一部分都可以看作一个弹性片段，并将其等效为一个弹簧，因此环形 LET 柔性铰链的刚度可以等效为四个弹簧的串并联刚度。

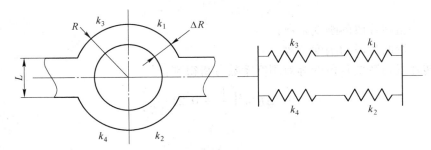

图 7-14　环形 LET 柔性铰链的一般结构及其等效弹簧模型

根据弹簧的串并联关系，环形 LET 柔性铰链的等效刚度 k_{eq} 为：

$$k_{eq} = \frac{k_1 k_3}{k_1 + k_3} + \frac{k_2 k_4}{k_2 + k_4} \tag{7-19}$$

由于每一部分结构对称，则：$k_1 = k_2 = k_3 = k_4 = k$，其中 k 为任意一个弹性片段的等效刚度，在此计算第一个弹性片段的等效刚度。因此，环形 LET 柔性铰链的等效刚度 $k_{eq} = k = k_1$。

下面分别利用等效法和微分法计算第一个弹性片段的等效刚度：

（1）等效法。由于第一个弹性片段是圆弧形，则使得该片段在受到转矩时将发生扭转与弯曲的组合变形。因此，该片段在结构上可等效为上节分析的外 LET 柔性铰链的扭转片段和弯曲片段的组合，其组合等效图如图 7-15 所示。

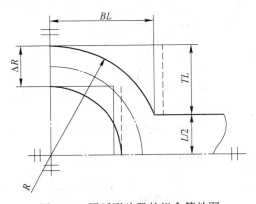

图 7-15　圆弧形片段的组合等效图

说明：水平方向细实线和竖直方向虚线是内外圆的切线，竖直方向细实线是由虚线平移而得，则水平方向和竖直方向的细实线组成的矩形分别表示四分之一圆弧形弹性片段等效的外 LET 柔性铰链的弯曲片段和扭转片段。根据结构关系知：$TL = R - \dfrac{L}{2}$，$BL =$

148

$$\sqrt{R^2 - \frac{L^2}{4}} \text{。}$$

由于等效的矩形扭转片段和弯曲片段是串联关系，因此：

$$\frac{1}{k_1} = \frac{1}{k_T} + \frac{1}{k_B} \Rightarrow k_1 = \frac{k_T k_B}{k_T + k_B} \tag{7-20}$$

式中　k_T——扭转片段的刚度系数；

　　　k_B——弯曲片段的刚度系数。

由扭转片段与弯曲片段的等效刚度系数分析得到：

$$k_T = \frac{\Delta R G t^3 \left(\dfrac{1}{3} - 0.21 \dfrac{t}{\Delta R} \right)}{TL} \tag{7-21}$$

$$k_B = \frac{\Delta R E t^3}{12BL} \tag{7-22}$$

式中　G——剪切模量；

　　　E——弹性模量；

　　　TL——扭转片段长度；

　　　BL——弯曲片段长度；

　　　t——铰链的厚度。

（2）微分法。把圆弧形弹性片段划分成 n 段，每一微分段在受到转矩发生变形的叠加为整个片段的变形量，其微分图如图7-16所示。

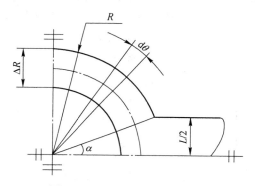

图7-16　圆弧形片段的微分图

假设该段在受到转矩 T 时产生的变形为 Θ，则：

$$\Theta = \int_{\alpha}^{\frac{\pi}{2}} \frac{TR\mathrm{d}\theta}{EI} = \frac{TR\left(\dfrac{\pi}{2} - \alpha \right)}{EI} \tag{7-23}$$

由于 $T = k_1 \Theta$，则：

$$k_1 = \frac{EI}{R\left(\dfrac{\pi}{2} - \alpha \right)} \tag{7-24}$$

式中，$I = \dfrac{\Delta R t^3}{12}$，$\alpha = \arcsin\left(\dfrac{L}{2R}\right)$。

为方便区分等效法与微分法推出的环形 LET 柔性铰链等效刚度计算公式及后续内容的展开，将等效法和微分法推导的等效刚度计算公式分别记作 k_{eq}^{a} 和 k_{eq}^{b}。

综上所述，推导出环形 LET 柔性铰链等效刚度的两个计算公式，分别为：

$$k_{eq}^{a} = \frac{Et^3\left(\dfrac{1}{3}\Delta R - 0.21t\right)}{2(1+\sigma)\left(R - \dfrac{L}{2}\right) + 12\sqrt{R^2 - \dfrac{L^2}{4}} \times \left[\dfrac{1}{3} - 0.21\dfrac{t}{\Delta R}\right]} \qquad (7\text{-}25)$$

$$k_{eq}^{b} = \frac{\Delta R E t^3}{12R\left[\dfrac{\pi}{2} - \arcsin\left(\dfrac{L}{2R}\right)\right]} \qquad (7\text{-}26)$$

7.2.3.2　公式适用范围的分析

针对等效法和微分法推出的两个等效刚度计算公式，通过建立两个环形 LET 柔性铰链实例，利用 ANSYS 软件将分析结果与利用两个公式得到的计算结果相比较，以此判断哪个公式更适合计算铰链的等效刚度。

（1）实例 1 的结构参数：$\Delta R = 3\text{mm}$，$R = 13.5\text{mm}$，$L = 20\text{mm}$，$t = 0.8\text{mm}$，选取材料为 ABS 塑料，则 $E = 2.2\text{GPa}$，$\sigma = 0.34$。在 ANSYS 分析软件中建立二分之一有限元模型，并施加转矩为 $T = 0.05\text{N·m}$，其转动变形图如图 7-17 所示。

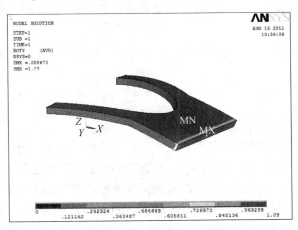

图 7-17　实例 1 的转动变形图

从图 7-17 知：$\dfrac{\theta_A}{2} = 1.09\text{rad}$，$\theta_A = 2.18\text{rad}$，则从有限元分析结果计算得到铰链的等效刚度值 $k^A = \dfrac{T}{\theta_A} = 2.29\times10^{-2}\text{N·m/rad}$。利用等效法和微分法计算的等效刚度值 $k_{eq}^{a} = 2.36\times10^{-2}\text{N·m/rad}$ 和 $k_{eq}^{b} = 2.83\times10^{-2}\text{N·m/rad}$，分别与等效刚度的有限元值 k^A 对比，所得误差分别为 $\delta_a = \dfrac{k_{eq}^{a} - k^A}{k^A}\times100\% = 3.05\%$ 和 $\delta_b = \dfrac{k_{eq}^{b} - k^A}{k^A}\times100\% = 23.6\%$。很显然，根据

等效法推出的理论计算刚度公式更接近实例 1 的实际情况。

（2）实例 2 的参数：$\Delta R = 3$mm，$R = 13.5$mm，$L = 10$mm，$t = 0.8$mm，选取材料为 ABS 塑料。同样在 ANSYS 软件中建立二分之一有限元模型并施加转矩 $T = 0.025$N·m，查看环形 LET 柔性铰链的变形结果如图 7-18 所示。

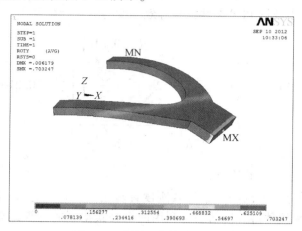

图 7-18   实例 2 的转动变形图

从图 7-18 知：$\dfrac{\theta_A}{2} = 0.70$rad，$\theta_A = 1.40$rad，则从有限元分析结果计算得到等效刚度值 $k_A = \dfrac{T}{\theta_A} = 1.78 \times 10^{-2}$N·m/rad。用等效法和微分法计算得到等效刚度值 $k_{eq}^a = 1.45 \times 10^{-2}$N·m/rad 和 $k_{eq}^b = 1.75 \times 10^{-2}$N·m/rad，并分别与 k_A 对比，所得误差分别为 $\delta_a = \dfrac{k_{eq}^a - k_A}{k_A} \times 100\% = -18.5\%$ 和 $\delta_b = \dfrac{k_{eq}^b - k_A}{k_A} \times 100\% = -1.7\%$ 。因此，该实例的刚度利用微分法比利用等效法推出的刚度计算公式更准确、更接近实际情况。

综合上述对两个实例的等效刚度分析知，不同结构参数的环形 LET 柔性铰链的等效刚度计算的公式可能并不一样，即这两个公式应各自有其适用范围。为了找出每个公式的适用范围，利用 ANSYS 分析出一组铰链实例的等效刚度值观察其规律。

环形 LET 柔性铰链选取的材料为 ABS 塑料，施加的转矩为 $T = 0.025$N·m，并设定几何结构尺寸 $\Delta R = 3$mm，$R = 13.5$mm，$t = 0.08$mm 为定值。当 L 取不同的值时，环形 LET 柔性铰链刚度的有限元值 k^A、等效法计算值 k_{eq}^a 和微分法计算值 k_{eq}^b 的大小如表 7-1 所示。

表 7-1 L 取不同的值，铰链刚度的有限元值、等效法计算值和微分法计算值

$L/$mm	4	6	8	10	12	14	16	18	20	22	24
$k^A/10^{-2}$N·m/rad	1.51	1.63	1.69	1.78	1.86	1.95	2.05	2.16	2.30	2.456	2.69
$k_{eq}^a/10^{-2}$N·m/rad	1.24	1.30	1.37	1.45	1.55	1.68	1.84	2.06	2.37	2.86	3.80
$k_{eq}^b/10^{-2}$N·m/rad	1.47	1.55	1.64	1.75	1.88	2.03	2.23	2.48	2.83	3.38	4.39

为了更清晰的表达环形 LET 柔性铰链等效刚度的三个值之间的关系，利用 MATLAB 绘制出三者的曲线如图 7-19 所示。

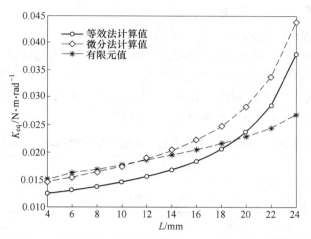

图 7-19 L 不同时，铰链等效刚度的三个值之间的对比关系

从表 7-1 和图 7-19 中可以看出：当 $L \leqslant 16$mm 时，可以用微分法推出的计算公式近似计算铰链的等效刚度；当 16mm$<L \leqslant 21$mm 时，可以用等效法计算公式近似计算铰链的等效刚度；当 $L \geqslant 21$mm 时，两种计算公式都不适用。

深入分析原因知：在 R、ΔR 不变的前提下，当 L 较小，并环形 LET 柔性铰链的内圆的四分之一圆弧长至少是 $L/2$ 的两倍大，即 $\frac{1}{2}\pi(R-\Delta R) \geqslant L$ 时，四分之一圆弧中有效扭转长度相对较长，此时用微分法计算铰链的等效刚度较为合适；随着 L 增大到 $\frac{1}{2}\pi(R-\Delta R) \leqslant L$ 时可用等效法计算铰链的等效刚度；由于等效法刚度计算公式是在扭转宽度和弯曲宽度相等的前提下推导出的，当 L 增大到 $\frac{L}{2} \geqslant R-\Delta R$ 时，环形铰链的特征就不明显，此时两种计算公式都不适用。

若将上述表达用公式说明，则：

1）当 $\frac{1}{2}\pi(R-\Delta R) \geqslant L$ 即 $R-\Delta R \geqslant \frac{2L}{\pi}$ 时，$k_{eq}=k_{eq}^{b}$；

2）当 $\frac{L}{2} \leqslant R-\Delta R \leqslant \frac{2L}{\pi}$ 时，$k_{eq}=k_{eq}^{a}$；　　　　　　　　　　（7-27）

3）当 $R-\Delta R \leqslant \frac{L}{2}$ 时，两种计算公式都不适用。

说明：由于铰链的等效刚度是连续变化的，则区间的端点值属于过渡值，并不局限于必须用哪个公式计算，因此上述公式的区间两端都取了等号。

将式（7-27）用到上述实例则：$L \leqslant 16.5$mm 时 $k_{eq}=k_{eq}^{b}$；16.5mm$\leqslant L \leqslant 21$mm 时 $k_{eq}=k_{eq}^{a}$；$L \geqslant 21$mm 时，无法用上述两种公式计算铰链的等效刚度。显然这一结果与 ANSYS 分析结果基本一致。

为了进一步说明公式的正确性，取 $L=20\text{mm}$、$\Delta R=3\text{mm}$ 为定值，利用式（7-27）预测 R 处在不同范围内铰链等效刚度的计算公式，其结果如下：

1）当 $R \geqslant 15.7\text{mm}$ 时，$k_{eq}=k_{eq}^{b}$；

2）当 $13\text{mm} \leqslant R \leqslant 15.7\text{mm}$ 时，$k_{eq}=k_{eq}^{a}$；

3）当 $R \leqslant 13\text{mm}$ 时，铰链的等效刚度无法用这两种公式近似计算。

为了验证上述结果，利用 ANSYS 进行有限元分析，并将铰链的等效刚度有限元值与等效法计算值、微分法计算值对比见表 7-2，并将对比结果与利用公式（7-27）预测的结果比较。选取材料为 ABS 塑料，施加转矩 $T=0.025\text{N}\cdot\text{m}$。

表 7-2　R 不同时，铰链的等效刚度有限元值与等效法计算值、微分法计算值

R/mm	11.5	12.5	13.5	14.5	15.5	16.5	17.5	18.5	19.5
$k^{A}/10^{-2}\text{N}\cdot\text{m}/\text{rad}$	2.98	2.59	2.30	2.06	1.86	1.71	1.58	1.47	1.37
$k_{eq}^{a}/10^{-2}\text{N}\cdot\text{m}/\text{rad}$	4.09	2.96	2.37	1.99	1.73	1.53	1.38	1.26	1.15
$k_{eq}^{b}/10^{-2}\text{N}\cdot\text{m}/\text{rad}$	4.75	3.51	2.83	2.40	2.09	1.86	1.67	1.52	1.40

用 MATLAB 绘制上表 7-2 中三个等效刚度值的曲线如图 7-20 所示。

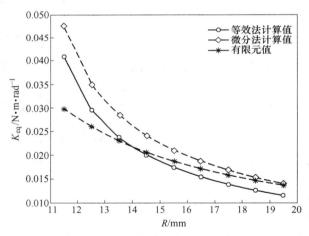

图 7-20　R 不同时，铰链的等效刚度的三个值之间的对比关系

从表 7-2 和图 7-20 知：$R \geqslant 16\text{mm}$ 时，铰链的等效刚度可利用微分法近似计算；$13\text{mm} \leqslant R \leqslant 16\text{mm}$ 时，铰链的等效刚度可利用等效法近似计算；$R \leqslant 13\text{mm}$ 时，铰链的等效刚度无法用这两种公式近似计算。显然，这些分析结果与利用公式（7-27）分析预测的结果基本一致，进一步说明了公式的正确性。

综合上述分析，当任意给出两个不同尺寸参数的铰链时，利用公式（7-27）能很方便地近似计算出其等效刚度值。例如：铰链 1 各尺寸参数为 $L=10\text{mm}$、$\Delta R=5\text{mm}$ 和 $R=15\text{mm}$，铰链 2 各尺寸参数为 $L=16\text{mm}$、$\Delta R=4\text{mm}$ 和 $R=12\text{mm}$。由于铰链 1 三个尺寸参数满足 $R-\Delta R \geqslant \dfrac{2L}{\pi}$，则其等效刚度 $k_{eq}=k_{eq}^{b}=2.54\times10^{-2}\text{N}\cdot\text{m}/\text{rad}$；而铰链 2 三个尺寸满足

$\dfrac{L}{2} \leqslant R - \Delta R \leqslant \dfrac{2L}{\pi}$，则其等效刚度 $k_{\text{eq}} = k_{\text{eq}}^{\text{a}} = 3.13 \times 10^{-2} \text{N} \cdot \text{m/rad}$。选取材料为 ABS 塑料，施加转矩 $T = 0.025 \text{N} \cdot \text{m}$，利用 ANSYS 分析结果验证这两个值的正确性。铰链 1、2 的有限元分析变形结果如图 7-21 和图 7-22 所示。

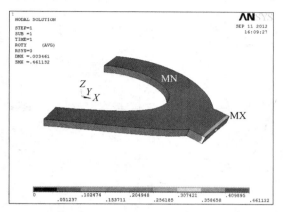

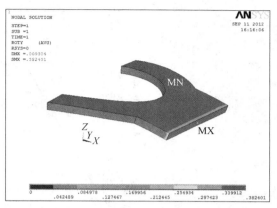

图 7-21　铰链 1 的转动变形图　　　　　图 7-22　铰链 2 的转动变形图

从图 7-21 知：$\dfrac{\theta_A}{2} = 0.46 \text{rad}$，$\theta_A = 0.92 \text{rad}$，则铰链的等效刚度有限元值 $k_{\text{eq}}^{\text{A}} = \dfrac{T}{\theta_A} = 2.71 \times 10^{-2} \text{N} \cdot \text{m/rad}$，与利用微分法计算值相比较误差为 $\delta_{\text{b}} = \dfrac{k_{\text{eq}}^{\text{A}} - k_{\text{eq}}^{\text{b}}}{k_{\text{eq}}^{\text{A}}} \times 100\% = 6.27\%$；从图 7-22 知：$\dfrac{\theta_A}{2} = 0.382 \text{rad}$，$\theta_A = 0.764 \text{rad}$，则铰链的等效刚度有限元值 $k_{\text{eq}}^{\text{A}} = \dfrac{T}{\theta_A} = 3.27 \times 10^{-2} \text{N} \cdot \text{m/rad}$，与利用等效法计算值相比较误差为 $\delta_{\text{a}} = \dfrac{k_{\text{eq}}^{\text{A}} - k_{\text{eq}}^{\text{a}}}{k_{\text{eq}}^{\text{A}}} \times 100\% = 3.76\%$。上述分析更加说明铰链的等效刚度计算公式的正确性。

7.2.3.3　环形 LET 柔性铰链各参数对等效刚度的影响分析

从前面一节分析可知，虽然两个等效刚度计算公式都有其适用范围，但它们的变化趋势及变化率基本一致。为了方便简单地研究各参数对等效刚度的影响，本节将以等效法刚度计算公式作为研究基础，在此之上分别建立以单尺寸和双尺寸为变量的参数分析模型，每个模型选取的材料均为 ABS 塑料。

A　单尺寸对等效刚度的影响

（1）L 对等效刚度的影响：当 $\Delta R = 3 \text{mm}$，$R = 13.5 \text{mm}$，$t = 0.8 \text{mm}$ 时：

$$k_{\text{eq}} = \dfrac{0.4686}{1.664 \sqrt{182.5 - 0.25L^2} - 0.67L + 18.09} \tag{7-28}$$

（2）R 对等效刚度的影响：当 $\Delta R = 3 \text{mm}$，$L = 20 \text{mm}$，$t = 0.8 \text{mm}$ 时：

$$k_{\text{eq}} = \dfrac{0.4686}{1.664 \sqrt{R^2 - 100} + 1.34R - 13.4} \tag{7-29}$$

（3）ΔR 对等效刚度的影响：当 $R = 13.5 \text{mm}$，$L = 20 \text{mm}$，$t = 0.8 \text{mm}$ 时：

$$k_{eq} = \frac{0.1877\Delta R - 0.095}{22.83 - 9.14/\Delta R} \tag{7-30}$$

为便于清晰地表达各参数对铰链的等效刚度的影响，用 MATLAB 绘制上述三个模型曲线如图 7-23 所示。

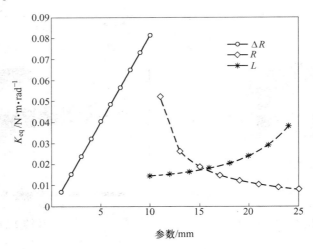

图 7-23　各参数对环形 LET 柔性铰链等效刚度的影响

从图 7-23 可知：等效刚度随着 ΔR、L 增加而增大，随着 R 增加而减小；等效刚度对三者的敏感程度由大到小依次为 ΔR、R、L，即在相同增量的情况下，ΔR 使等效刚度变化量最大，L 使等效刚度变化量最小。

B　双尺寸对等效刚度的影响

（1）R、L 对等效刚度的影响：当 $\Delta R = 3mm$，$t = 0.8mm$ 时：

$$k_{eq} = \frac{0.4686}{1.664\sqrt{R^2 - 0.25L^2} + 1.34R - 0.67L} \tag{7-31}$$

（2）ΔR、L 对等效刚度的影响：当 $R = 13.5m$，$t = 0.8mm$ 时：

$$k_{eq} = \frac{0.1877\Delta R - 0.0946}{(2 - \Delta R^{-1})\sqrt{182.25 - 0.25L^2} - 0.67L + 18.09} \tag{7-32}$$

（3）ΔR、R 对等效刚度的影响：当 $L = 20mm$，$t = 0.8mm$ 时：

$$k_{eq} = \frac{0.1877\Delta R - 0.0946}{(2 - \Delta R^{-1})\sqrt{R^2 - 100} + 1.34R - 13.4} \tag{7-33}$$

用 MATLAB 将上述三个关系式绘制成曲面依次如图 7-24、图 7-25、图 7-26 所示。

（1）比较图 7-24 与图 7-25 知：当 L 一定时，改变 ΔR 的大小比改变 R 更易使等效刚度发生变化。

（2）比较图 7-24 与图 7-26 知：当 R 一定时，改变 ΔR 的大小比改变 L 更易使等效刚度发生变化。

（3）比较图 7-25 与图 7-26 知：当 ΔR 一定时，改变 R 的大小比改变 L 更易使等效刚度发生变化。

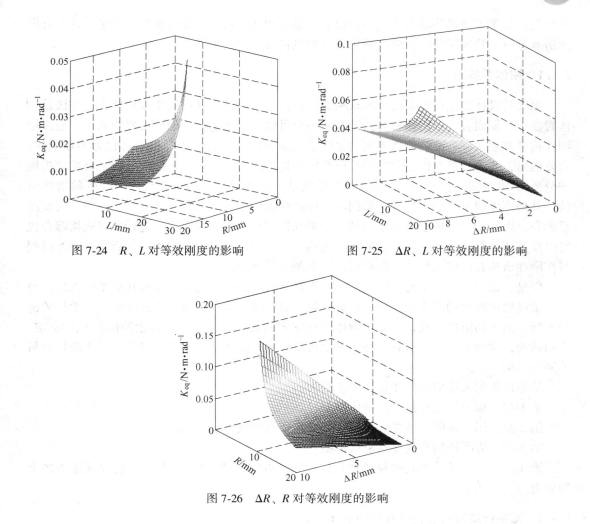

图 7-24　R、L 对等效刚度的影响　　　　图 7-25　ΔR、L 对等效刚度的影响

图 7-26　ΔR、R 对等效刚度的影响

7.3　微 LEMs 柔顺机构的设计与分析

文献［48］的微型细胞注射器需要机构在第一步提升运动时，针和固定平面保持很高的平行度，而由于受到铰链的实际转动中心偏移的影响，注射器针部分与固定平面并不平行，需要多次更改提升机构梁的长度进行试验、改进设计。文献［49］的受精卵夹持机构为保证提升机构的平行度将提升部分改为刚性平行四边形机构，夹持部分为一个六杆柔性机构，结构复杂，通过行程来控制夹持力的大小。因此设计出具有高平行度和稳定夹持力的全柔性机构具有一定的现实意义。

本节采用刚体置换法（rigid-body replacement）设计了一个以高平行度的双四边形机构为提升平台的微 LEMs 机构，克服了单平行四边形提升机构的缺点，提高了提升平台与地面的平行度；同时设计了一个双稳态夹持机构，通过限制夹持机构滑块的位移控制夹持力的大小，以稳态 2 为工作状态保证夹持力的稳定；最后通过辅助机构将两机构组合在一起，使一个驱动能够同时完成提升和夹持两个动作。对该机构进行了分析，建立了其伪刚体模型，分析了该机构输入力矩与转角、位移之间的关系，并通过实例的理论计算和有限元仿真分析，验证了伪刚体模型的正确性和机构设计的实用性。

7.3.1 刚体置换法

综合是设计出执行预定任务的机构的过程，最实用且最易用的柔顺机构综合方法是刚体置换法。简而言之，刚体置换法通常从一个可以完成预定任务的刚性机构入手，通过把刚性构件和运动副替换为与之等效的柔性单元和柔性铰链，将刚性机构转化为柔顺机构。重要的是，我们仍然可以用传统刚性机构的分析方法来评估柔顺机构的性能。将柔顺机构的分析与刚性机构的分析联系起来的纽带就是伪刚体模型。对于实现同一任务的柔顺机构，其伪刚体模型中的构件和运动副与对应刚性机构中的构件和运动副完全一致。需要注意的是，由一个伪刚体模型可以得到多个柔顺机构。运用刚体置换法进行柔顺机构综合也可以反其道而行之，从一个普通的柔顺机构入手，确定其伪刚体模型，然后将伪刚体模型看作刚性机构并确定其尺寸，即可得到完成预定任务的机构。

但是，该综合方法是有局限性的，并不是所有的刚性机构都可以转化成柔顺机构。通常，柔顺机构的运动范围会受到一定的限制。如，刚性铰链可以自由连续旋转，柔性铰链却不行。另一局限性体现在：通过刚体置换得到的柔顺机构，其特性由原刚性机构决定。换句话说，这种方法只是帮我们找到多个可以替代原刚性机构的柔顺机构，并不能得到新的刚性机构。

从刚性机构入手的刚体置换法的步骤为：

第 1 步：确定该刚性机构的刚体模型；

第 2 步：用等效的柔性单元替换一个或多个刚性构件和/或运动副；

第 3 步：为所选构型建立伪刚体模型；

第 4 步：确定柔性单元的材料和几何尺寸，以实现预定的力-变形关系并承受所产生的应力。

7.3.2 高平行度双稳态夹持机构的设计

根据 7.3.1 节，先设计满足功能要求的刚性机构，然后把它转化成柔性机构，直接用相应的柔性片段代替刚性片段；即研究用柔性片段替代刚性构件，把刚性机构转变成柔性机构，设计出基于力矩驱动的 LEMs 机构。

7.3.2.1 提升机构的设计

按照刚体置换法，高平行度双稳态夹持机构提升部分如果仍然使用文献［49］的单平行四边形机构，其伪刚体模型对应的刚性机构如图 7-27 所示，理想状态下的提升平台与地面平行，而实际上由于整个机构受力的不对称性，会使柔性铰链转动中心发生严重的偏移，导致提升平台发生倾斜，如图 7-28 有限元仿真位移云图所示，整个提升平台提升高度分为灰色、深灰色和黑色三部分，黑色部分位移最大，灰色位移最小。

为了克服上述单平行四边形提升机构的缺点，采用双四边形的高平行度提升机构，使整个机构受力对称，如图 7-29 所示，平行四边形 2 受到外力矩 M 作用使提升平台水平抬起，同时辅助机构连接滑块相对提升平台向左滑动，为夹持机构提供水平移动的驱动力。

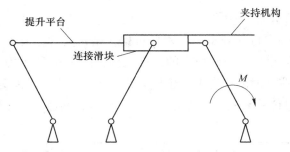

图 7-27 刚性提升机构原型

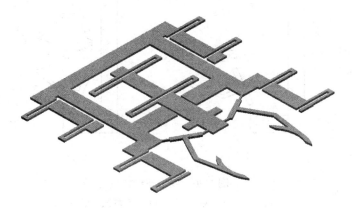

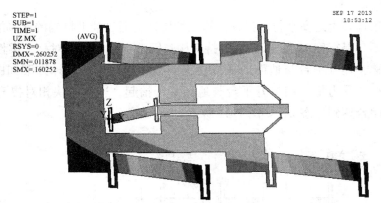

图 7-28 实际提升机构及位移云图

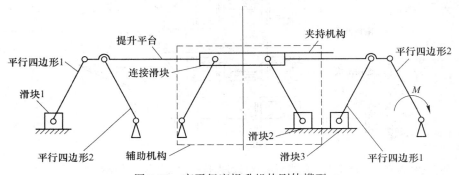

图 7-29 高平行度提升机构刚体模型

7.3.2.2 双稳态夹持机构设计

文献［48］的柔性夹持部分是一个六杆机构，结构复杂，夹子夹紧力受滑块行程控制。本节将六杆机构简化为一个双稳态的四杆机构，图 7-30 所示为夹持部分示意图，图（a）所示为初始夹子张开时的稳态 1，当支撑部分向右移动后，转变为图（b）所示夹持时的稳态 2，同样通过位移来控制夹持力的大小，但是在到达稳态 2 后夹持力保持恒定。

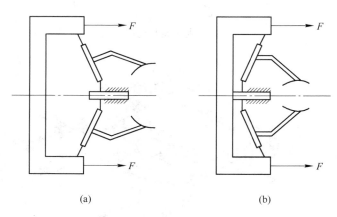

(a)   (b)

图 7-30   双稳态夹持机构

（a）稳态 1，夹子张开；（b）稳态 2，夹子夹持

用柔性片段代替上述高平行度提升机构刚性构件，通过辅助机构的连接滑块连接双稳态夹持机构得到高平行度双稳态 LEMs 夹持机构，因整个机构受力对称，柔性铰链转动中心的偏移也对称，提升平台与地面的平行度得到很大提高。总设计方案如图 7-31 所示，平行四边形机构 2 受力矩作用提升平台与地面平行抬起，连接滑块相对提升平台向左滑动，使得夹子闭合达到稳态 2，如图 7-32 所示。

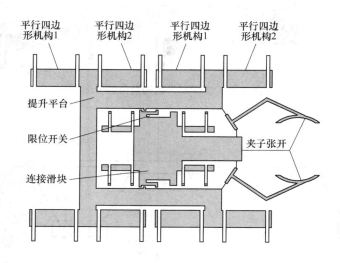

图 7-31   高平行度双稳态夹持机构总体设计方案

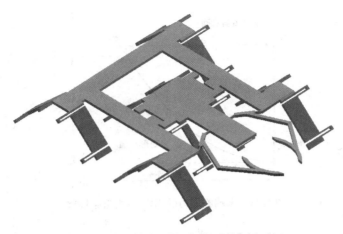

图 7-32 夹持机构稳态 2 示意图

7.3.3 高平行度双稳态夹持机构的伪刚体模型与分析

先简单介绍一端固定一端自由、自由端作用一个力载荷的平面柔性梁的伪刚体模型。

平面梁的中性轴在一个平面内，它可以展示出各种各样的变形形状，从直线到完美的圆。梁弯曲的数学理论能精确描述从直线到圆（以及介于它们之间的混合形状）的各种变形形状。基于梁理论和伪刚体模型得到的其中一个重要结论是：如果梁在某种载荷作用下产生一个拐点（inflection point），那么特征半径系数介于 0.83 和 0.85 之间。

一种典型的平面梁是一端固定一端自由、自由端作用一个力载荷的柔性梁，如图 7-33 所示。梁自由端的曲率最小，而固定端的曲率最大。梁在载荷作用下的运动可用图 7-34 所示的伪刚体模型近似描述，该模型用铰接在一个固定杆上的刚性杆替代了柔性梁。固定杆长的取值在 0.15L 到 0.17L 之间，伪刚体杆长的取值在 0.83L 到 0.85L 之间。在载荷作用下，伪刚体杆转过角度 Θ；在小挠度情况下（Θ<15°），伪刚体杆长取 0.83L 更为准确；在大挠度情况下（Θ>45°），伪刚体杆长取 0.85L 更合适；不过它们均可以满足设计初期的需求。柔性梁自由端的 x 和 y 坐标值（分别记为 a 和 b）可用式（7-34）和式（7-35）计算：

$$a = (1 - \gamma)L + \gamma L \cos\Theta \tag{7-34}$$

$$b = \gamma L \sin\Theta \tag{7-35}$$

梁的刚度可用在伪铰处放置的扭簧来描述。在伪刚体模型中，整个柔性梁总的抗弯特性通过伪铰处扭簧（刚度为 K）的弹性恢复力来描述。K 的值由式（7-36）给出：

$$K = 2.25EI/L \tag{7-36}$$

式中　E——梁材料的杨氏模量；

　　　I——截面惯性矩；

　　　L——柔性梁的长度。

高平行度双稳态夹持机构的伪刚体模型建模如下：

如图 7-30 所示夹持机构为全柔性机构，由于其对称性，建立其一半的伪刚体模型，

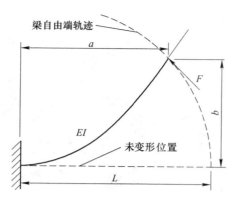

图 7-33   末端施加力的固定-自由型柔性梁

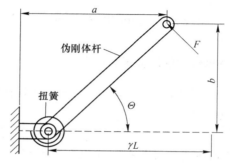

图 7-34   图 7-33 所示固定-自由型柔性梁的伪刚体模型

k_{13} 为夹子直梁型柔性铰链的等效弹簧刚度系数，$k_{13} = \dfrac{(EI)_{l_1}}{l_1}$，转动中心为铰链的中点。

变形前后滑块位移为 d，初始夹子张开状态与垂直方向夹角为 λ_0，夹子闭合后与垂直方向夹角为 λ（逆时针为正，顺时针为负），如图 7-35 所示，则其虚功方程为：

$$\delta W_1 = \sum F_i \cdot \delta z_i + \sum T_i \cdot \delta \psi_i + F_S \cdot \delta z_{14}$$

式中，$F_S = -f_k(\psi_{14})$ 是弹簧力，是关于 $\psi_{14} = d - d_0$ 的函数。与 T_i 有关的 Lagrangian 坐标为

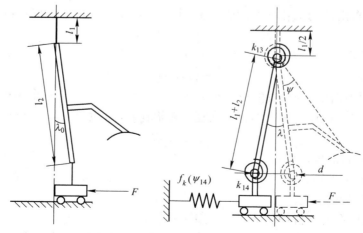

图 7-35   双稳态夹持机构伪刚体模型

$\psi_{13} = \lambda_0 - \lambda$，则 $\delta\psi_{13} = -\delta\lambda$。

$$z = (l_1 + l_2)(\sin\lambda + \sin\lambda_0)\hat{i} + (l_1 + l_2)(\cos\lambda + \cos\lambda_0)\hat{j}$$

$$\delta z = (l_1 + l_2)\cos\lambda\delta\lambda\hat{i} + (l_1 + l_2)(-\sin\lambda)\delta\lambda\hat{j}$$

忽略 F_S 影响，虚功方程为：

$$\delta W_1 = (F(l_1 + l_2)\cos\lambda + 2k_{13}\lambda)\delta\lambda$$

$$W_1 = F(l_1 + l_2)(\sin\lambda_0 - \sin\lambda) + k_{13}\lambda^2 \tag{7-37}$$

由图 7-35 所示机构几何关系得到夹持机构滑块位移为：

$$d = (l_1 + l_2)(\sin\lambda_0 - \sin\lambda) \tag{7-38}$$

当 $\psi \geqslant \lambda_0$ 时，夹持点位移为：

$$\Delta x = l[\sin(\lambda + \psi) - \sin(\lambda_0 + \psi)]$$

$$\Delta y = l[\cos(\lambda + \psi) - \cos(\lambda_0 + \psi)]$$

高平行度夹持机构的伪刚体模型如图 7-36 所示，该多杆机构受到虚外力矩 M_1、M_2 作用，每个铰链处都有一个扭簧。虚外力矩 M_i 在虚位移上所作虚功为 $M_i \cdot \delta\theta_i$，T_i 是各扭簧的反作用扭矩，则 $\sum\limits_{i=1}^{12} T_i \cdot \delta\psi_i$ 是扭簧反作用力矩做的虚功，则其虚功方程为：

$$\delta W_2 = \sum F_i \cdot \delta z_i + \sum M_i \cdot \delta\theta_i + \sum T_i \cdot \delta\psi_i + F_S \cdot \delta z_3$$

式中　F_i——作用在系统中的外力；

　　　　M_i——作用在系统中的外力矩；

　　　　T_i——特征铰链处的力矩；

式中 $F_{S_i} = -f_{k_i}(\psi_i)$，是弹簧力，是关于 $\psi_i = d_i - d_{i0}$ 的函数。

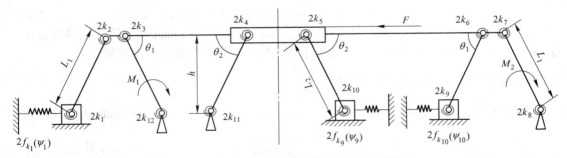

图 7-36　高平行度双稳态夹持机构伪刚体模型

虚位移可以通过链式微分法求得：

$$z = L_2\cos\theta_2\hat{i} + L_1\sin\theta_1\hat{j}, \quad \delta z = -L_2\sin\theta_2\delta\theta_2\hat{i} + L_1\cos\theta_1\delta\theta_1\hat{j}$$

其中，L_1 为高平行度机构曲柄的长度，L_2 为辅助机构杆长，铰链 i 处扭簧的虚功可由铰链处的力矩 T_i 和相应的 Lagrangian 坐标 ψ_i 确定。对于含有弹性系数为 K_i 的线性扭簧的伪刚体模型 $T_i = -K_i\psi_i$。铰链处的拉格朗日坐标为：

$$\psi_1 = \psi_2 = \psi_3 = \psi_6 = \psi_7 = \psi_8 = \psi_9 = \psi_{12} = \theta_1 - \theta_{10}$$

$$\psi_4 = \psi_5 = \psi_{10} = \psi_{11} = \theta_2 - \theta_{20}$$

式中，θ_{i0} 代表弹簧未变形时机构的位置，则所对应的 $\delta\psi_i$ 为：

$$\delta\psi_1 = \delta\psi_2 = \delta\psi_3 = \delta\psi_6 = \delta\psi_7 = \delta\psi_8 = \delta\psi_9 = \delta\psi_{12} = \delta\theta_1$$

$$\delta\psi_4 = \delta\psi_5 = \delta\psi_{10} = \delta\psi_{11} = \delta\theta_2$$

忽略弹簧力 $F_{S_i} = -f_{k_i}(\psi_i)$ 影响，系统虚功可以表达为：

$$\delta W_2 = A\delta\theta_1 + B\delta\theta_2$$

其中

$$A = \psi_1 + \psi_2 + \psi_3 + \psi_6 + \psi_7 + \psi_8 + \psi_9 + \psi_{12} + M_1 + M_2 + F_Y L_1 \cos\theta_1$$
$$B = \psi_4 + \psi_5 + \psi_{10} + \psi_{11} - F_X L_2 \sin\theta_2$$

而 $L_2\sin\theta_2 = L_1\sin\theta_1$，则 $\dfrac{\delta\theta_1}{\delta\theta_2} = \dfrac{L_2\cos\theta_2}{L_1\cos\theta_1}$ 代入上式，则：

$$\delta W_2 = \left(1 + \frac{L_2\cos\theta_2}{L_1\cos\theta_1}\right)A\delta\theta_2$$

在该机构中设置铰链扭簧 $k_1 = k_2 = k_3 = k_6 = k_7 = k_8 = k_9 = k_{12}$，$k_4 = k_5 = k_{10} = k_{11}$，$M_1 = 0$，$F = F_X$，代入公式积分则：

$$W_2 = F\big[L_1(1-\cos\theta_1) - L_2(1-\cos\theta_2)\big] + M_2\theta_1 - 8k_1\theta_1^2 - 4k_4\theta_2^2 \qquad (7\text{-}39)$$

根据虚功原理，系统虚功之和为零，则由式（7-37）、式（7-39）可得：

$$F(l_1 + l_2)(\sin\lambda_0 - \sin\lambda) + k_{13}\lambda^2 = 0 \qquad (7\text{-}40)$$

$$F\big[L_1(1-\cos\theta_1) - L_2(1-\cos\theta_2)\big] + M_2\theta_1 - 8k_1\theta_1^2 - 4k_4\theta_2^2 = 0 \qquad (7\text{-}41)$$

由于提升平台与地面平行，所以有几何关系：

$$h = L_1\sin\theta_1 = L_2\sin\theta_2 \qquad (7\text{-}42)$$

夹持机构滑块位移也等于连接滑块和提升平台的位移差，即：

$$d = L_2(1-\cos\theta_2) + L_1(1-\cos\theta_1) \qquad (7\text{-}43)$$

则由式（7-38）、式（7-43）可得：

$$L_2(1-\cos\theta_2) + L_1(1-\cos\theta_1) = (l_1 + l_2)(\sin\lambda_0 - \sin\lambda) \qquad (7\text{-}44)$$

联立式（7-40）、式（7-41）、式（7-42）、式（7-44），用 matlab 解该非线性方程组，求得 θ_1、θ_2、λ，代入方程（7-42）可以求得夹持机构提升平台的提升高度。

7.3.4　夹持机构实例计算与仿真分析

设计夹持机构尺寸如图 7-37 所示，设计参数为 $L = 540\mu m$，$L_1 = 99\mu m$，$L_2 = 16\mu m$，

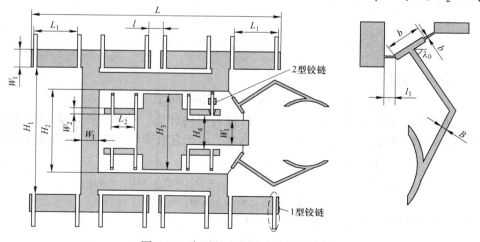

图 7-37　高平行度夹持机构尺寸参数

$l = 10\mu m$，$H_1 = 124\mu m$，$H_2 = 114\mu m$，$H_3 = 104\mu m$，$H_4 = 52\mu m$，$W_1 = 42\mu m$，$W_2 = 10\mu m$，$l_1 = 10\mu m$（宽度为 $b = 0.5\mu m$），$l_2 = 25\mu m$（宽度为 $3\mu m$），$\lambda_0 = 0.262\mathrm{rad}$。

机构材料选用厚度 $t = 0.8\mu m$ 的单晶硅，该材料具有很好的弹性，材料成本低廉，适于微尺度的加工成形。单晶硅的材料性能参数：$E = 190\mathrm{GPa}$，泊松比 $\mu = 0.28$，密度 $\rho = 2.33\mathrm{g/cm^3}$。

在上述 LEMs 机构中，半外 LET 铰链柔性片段替代了刚性运动副，1 型和 2 型铰链尺寸如表 7-3 所示，表中各参数单位均为 μm。

表 7-3　1 型和 2 型铰链尺寸

参数	L_{TL}	L_{TW}	L_{BL}	L_{BW}	t	W	L	l
1 型铰链	35	3	10	5	0.8	42	89	1
2 型铰链	16	1	4	2	0.8	10	45	1

将机构参数代入式（7-40）、式（7-41）、式（7-42）、式（7-44），则 θ_1、θ_2、λ 理论计算结果如表 7-4 所示，将结果代入方程（7-42）得到 h，结果如表 7-5 所示。

表 7-4　伪刚体角理论计算值

$M/\mathrm{mN \cdot \mu m^{-1}}$	0.5	1	1.5	2	2.5	3	3.5
θ_1/rad	0.0768	0.1506	0.2191	0.2809	0.3350	0.3808	0.4180
θ_2/rad	0.1555	0.3078	0.4546	0.5944	0.7263	0.8492	0.9614
λ/rad	0.2360	0.1619	0.0492	-0.0921	-0.2543	-0.4321	-0.6226

为了验证伪刚体模型的正确性，按图 7-37 参数在有限元软件 ANSYS 中建立壳单元模型。由于接触问题的复杂性，建模过程中忽略了图 7-31 中限位开关的影响。对于机构六个固定点所有自由度均为零，使用全约束；对六个滑块除水平移动自由度外其余自由度均为零，连接滑块与提升机构内边在提升高度方向设置主从节点，使得两者在该方向位移相同，其他方向自由度不做约束。该机构划分网格和位移云图如图 7-38 所示，从位移云图

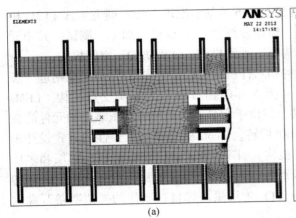
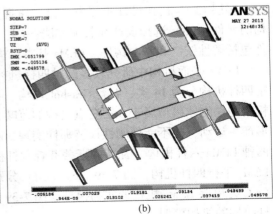

(a)　　　　　　　　　　　　　　　(b)

图 7-38　高平行度双稳态夹持机构仿真

（a）建立模型及网格划分；（b）Z 方向位移云图

提升平台和连接滑块部分可以看出，该机构实现了很高的提升平行度，达到了预期设计目标。

理论计算和仿真结果见表 7-5，提升平台提升高度理论计算和仿真结果分别为 h 和 h'，表中长度单位均为 μm，力矩单位为 mN·μm。结果基本一致，说明了分析的正确性与设计的可行性。

表 7-5　两种方法结果比较

$M/\text{mN} \cdot \mu\text{m}^{-1}$	0	0.5	1	1.5	2	2.5	3	3.5
理论计算 h/μm	0	7.59	14.85	21.52	27.44	32.55	36.79	40.19
仿真结果 h/μm	0	7.88	14.55	21.16	27.18	31.10	35.33	37.45

7.4　多层 LEMs 柔顺机构的设计与分析

对于很多产品而言，柔顺机构都能体现出零件数量减少、加工装配周期缩短、加工过程简化等优势，但是设计者却很难把它应用到设计当中，这是因为 LEMs 柔顺机构具有与刚性机构不同的特性。本章结合刚性机构分类思想和刚体置换法（rigid-body replacement）对多层 LEMs 柔顺机构进行设计与分析。

多层 LEMs 机构（英文名为 multi-layered lamina emergent mechanisms），是由多个单层 LEMs 组合而成的机构，能够大大减少构件数量、降低空间成本。当单层 LEMs 机构不能满足设计要求时，往往可将其设计成多层 LEMs 机构，例如，当单层机构的运动范围受到限制时，柔顺机构的运动范围也有限制，当单层 LEMs 柔顺机构的运动范围不能满足设计要求时，往往可将其设计成多层 LEMs 机构，来扩大其运动范围；或当单层机构在运动中产生构件重叠时，也可设计成多层。增加层数可以增加机构功能，但结构将复杂，而单层的 LEMs 加工简单、经济，因此设计者应权衡两者后选择合适的层数。

7.4.1　多层 LEMs 柔顺机构设计概述

多层 LEMs 机构设计步骤为：（1）掌握控制柔度的基本原理；（2）研究组成 LEMs 机构的元件；（3）选择设计和装配方法；（4）建模分析；（5）设计、加工、测试。其中元件包括柔性铰链和基本构件。LEMs 基本机构有：平面机构、球面机构、空间机构。

LEMs 平面机构中研究较多的是四杆机构和六杆机构。Barker 按照 Grashof 准则进一步把四杆机构分为 14 类，4 类 Grashof 机构、4 类 Non-Grashof 机构和 6 类变点机构。LEMs 机构的伪刚体模型属于 6 类变点机构的范畴，但由于它具有柔顺特性，依靠柔顺元件的变形产生运动，故不能像刚性铰链那样实现 360°旋转。Jacobsen 等用增加柔性的方式设计出两种 LEMs 六杆机构（瓦特和斯蒂芬森六杆机构）。图 7-39（a）、（b）分别为单层和多层 LEMs 平行四杆机构，图 7-39（c）、（d）分别为 LEMs 斯蒂芬森和瓦特六杆机构，图 7-39（e）为单层 LEMs 机构的实物模型，图 7-39（f）为用聚丙烯材料制作的类似斯蒂芬森六杆机构的机构模型。

球面机构是指铰链轴线相交于一点的机构，它可以实现由平面内向平面外的旋转运动或围绕某点的空间运动。LEMs 球面机构加工简单、结构紧凑、能实现复杂的空间运动。

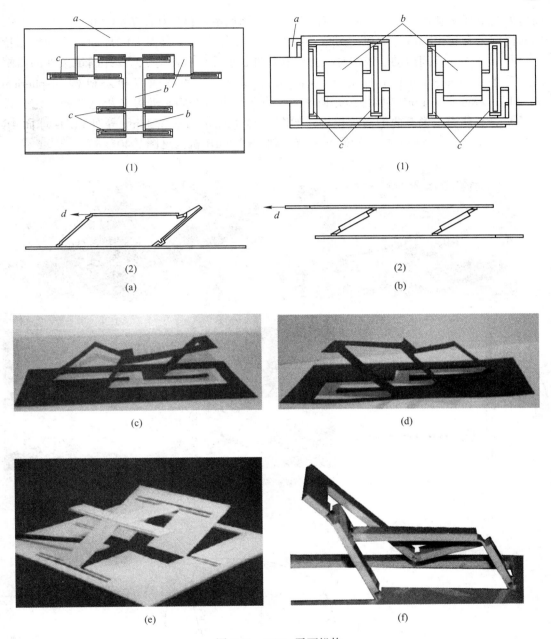

图 7-39   LEMs 平面机构

（a）单层机构；（b）多层机构；（c）斯蒂芬森机构；（d）瓦特机构；
（e）单层四杆机构的实物模型；（f）斯蒂芬森六杆机构的实物模型

一些文献中用刻痕代替铰链设计出 LEMs 球面机构的原型，球面四杆机构铰链轴线相交于球心，杆件在球表面运动，图 7-40（a）为含有 LET 铰链的球面四杆机构。各杆件为同心的弧形，"之"字排开，整个机构设计在一个半球范围内。当铰链处在球心处，其中一个杆件与滑块类似，此时机构变为球面滑块机构。球面滑块机构包括机架、滑块和两个杆。在球面曲柄滑块机构的初始位置，所有杆件与基片平行。驱动以后，滑块在平面内滑动，而另外两个杆从基片上弹起，形成球面三角形，球面滑块机构如图 7-40（b）所示。LEMs 球面机构具有与 MEMS 球面机构类似的特性。Lusk 等通过研究 MEMS 球面机构的加工特点（平面加工、空间运动、铰链轴线方向和杆件长度受到限制等），设计满足条件的微螺旋运动平台（micro helico-kinematic platform，MHKP）和球面双稳态机构（spherical bistable micromechanism，SBM），并把球面双稳态机构和 Young 机构（灰色部分）结合设计了 MEMS 球面双稳态曲柄滑块机构，如图 7-40（c）所示。Wilding 等对 LEMs 球面 4R 机构进行分类，为球面六杆机构研究奠定基础，球面 4R 机构见图 7-40（d）。

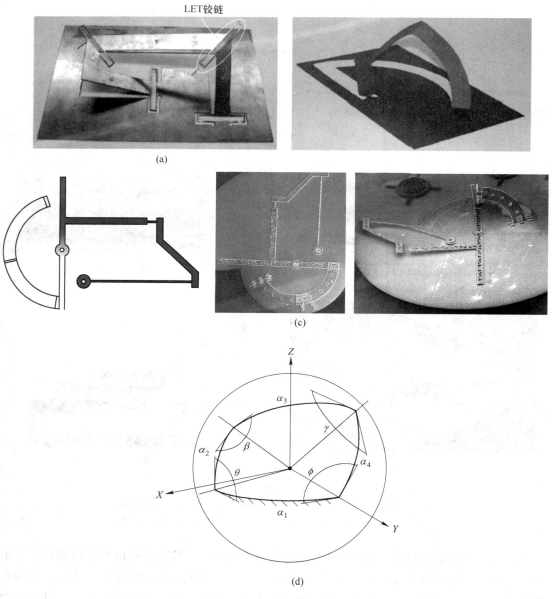

图 7-40 球面机构

（a）球面四杆机构；（b）球面滑块机构；（c）MEMS 球面双稳态曲柄滑块机构；（d）球面 4R 机构示意图

平面机构主要使用平移铰链和旋转铰链。而 LEMs 空间机构由于运动较为复杂，经常使用多自由度铰链，如螺旋铰链、球形铰链等。

图 7-41（a）为 Goldberg 6R 六杆机构原理图，图 7-41（b）为单层 LEMs 机构，被圈中铰链的运动受到限制，而图 7-41（c）通过把它设计成双层 LEMs 组合机构，成功地解决了这一问题。

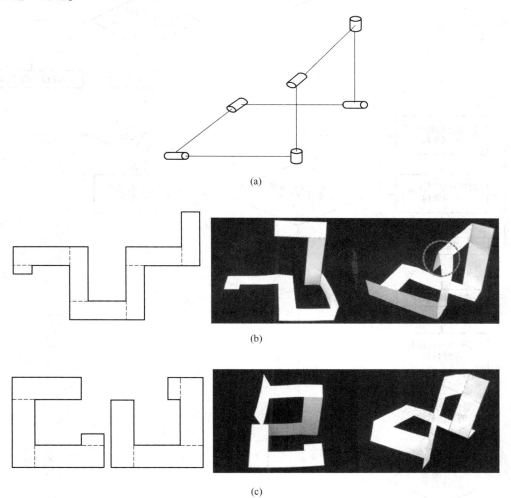

（a）

（b）

（c）

图 7-41　Goldberg 6R 六杆机构

（a）Goldberg 6R 六杆机构原理图；（b）单层 LEMs 加工；（c）双层 LEMs 加工

下面结合 Artobolevsky 提出的刚性机构分类思想和刚体置换法，介绍多层 LEMs 机构的设计思想。

柔顺机构分类并形成设计库，设计者就可以依据刚体代替综合法把刚性机构转变成柔顺机构，如图 7-42 所示。

建立柔顺机构的分类表。编录分类表的第一步是确定目前刚性机构的分类框架，使柔顺机构按照刚性机构特性分类。目前，已经形成了很多刚性机构的分类方法，例如，"运动学之父" Frank Reuleaux，第一个用符号表示机构和运动副。用符号表示杆的级别、部

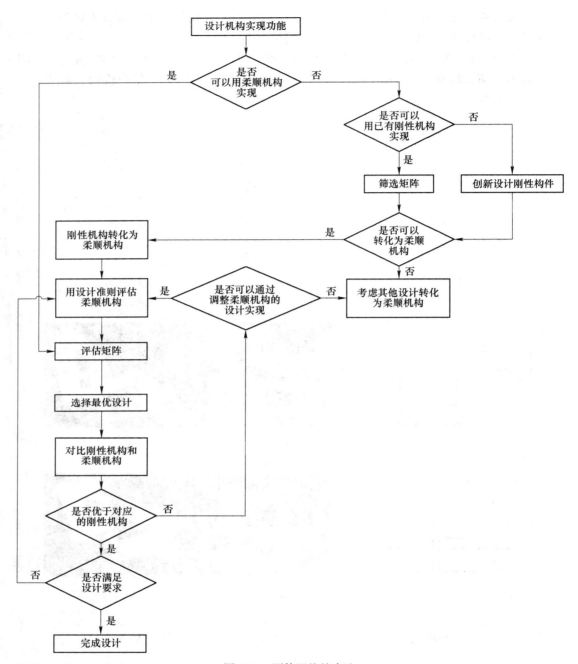

图 7-42　刚体置换综合法

件的构成和运动副。Artobolevsky 把机构分为两类：先根据其机构特性划分，然后再根据其功能特性进一步划分，机构目录用类别名称的一到三个缩写字母表示。柔顺机构与刚性机构的特性相似，但如果完全按照刚性机构的分类原则进行分类就会有部分重叠。同时，柔顺机构的柔顺特性又要求增加一些新的分类。可以用与 Artobolevsky 提出的类似方法编译柔顺机构的设计库。

鉴别柔顺机构的特性对于分类是非常重要的。比如对于刚性平行导向机构，相应的柔顺机构有 28 种类型；柔顺机构通过柔顺元素的变形储存能量，而刚性机构如果没有弹簧零件则不能储存能量；柔顺机构的力-变形有很高的耦合性，而刚性机构的运动特性在材料刚度足够的情况下，是不受材料影响的。柔顺机构的这些特性使其分析和设计复杂化；另外，柔顺元素的变形引起的疲劳也是值得关注的问题。

LEMS 综合了柔顺机构、平面正交机构、变胞机构的特性。理解了 LEMs 机构的功能特性，以及与柔顺机构学的从属关系，就可以在柔顺机构分类基础上建立起 LEMs 机构分类表。

Olsen 提出了柔顺机构分类框架，框架结构包括分类（具体的设计内容）和索引（设计参考号）。然后根据功能特性、应用场合、加工条件对柔顺机构划分，如图 7-43 所示。柔顺机构依据功能特性分为：元件（elements of mechanisms）和构件（mechanisms），再根据功能特性继续细分类型。通常，铰链是实现特定运动的刚性组合铰链（rigid-link joint）或柔性铰链（flexible elements）。构件包括运动构件、动力构件和基本构件。实现特定的运动、位移、方向或其他的位置关系的构件为运动构件；与力-变形关系、变形能或其他力或能量相关的构件为动力构件；不是运动构件或动力构件的为基本构件。

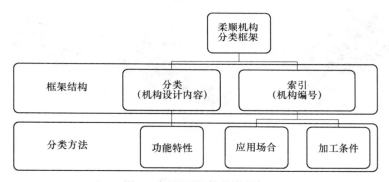

图 7-43　柔顺机构分类框架

根据文献，以现有刚性机构产品为对象，通过逆向分析得到组合刚性机构，按照刚体置换综合法把刚性机构转变成 LEMs 柔顺机构。其方法有两种：一是直接用相应的柔顺片段代替刚性片段；二是先把复杂的刚性机构分解成功能简单的刚性机构，然后用具有相似功能的柔顺机构代替刚性机构，如图 7-44 所示。

7.4.2　多层 LEMs 柔顺机构设计实例

以奥迪 A4 的水杯固定器（见图 7-45（a））为例，按照图 7-44 所示方法进行研究，发现适合转化为柔顺机构的刚性机构有两种，其机构简图如图 7-45（b）、（c）所示。图 7-45（b）机构的原动力来自预加载的扭转弹簧，是原始机构的简化图，可转化成相应的全柔顺机构，如图 7-46 所示。它通过柔性变形产生变形能，但由于处于平面状态时机构存储变形能，会产生应力松弛，故对设机构进一步的设计和分析是有必要的。图 7-45（c）机构与原始设计相似，是由位移量驱动，当移动离开平面位置时存储能量，停止驱动时变形能使机构恢复到平面状态，该机构有 LEMS 机构的优势；故这种机构更加适合于转化成 LEMs 机构。本节研究这种机构，将其设计为基于位移驱动的 LEMs 机构，并进行分析。

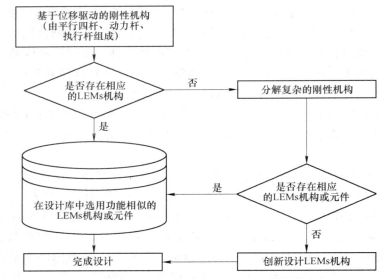

图 7-44   基于柔顺机构分类的 LEMs 机构设计思路

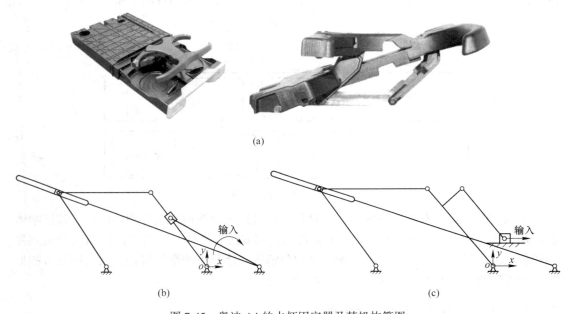

(a)

(b)   (c)

图 7-45   奥迪 A4 的水杯固定器及其机构简图

（a）奥迪 A4 的水杯固定器；（b）机构简图（输入为转动）；（c）机构简图（输入为移动）

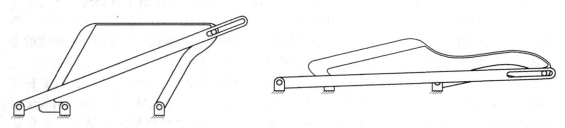

图 7-46   由输入为转动的刚性机构转化的柔顺机构

考虑结构复杂性以及运动范围，设计成双层的 LEMs 机构。由于刚性机构相对复杂，在已有的 LEMs 机构中未找到与之功能相似的机构，故根据图 7-44 的设计思路，把它分解为平行四边形机构、动力构件、执行构件和铰链。其中，平行四边形机构可以选用已有的多层或单层的 LEMs 平行机构。柔性旋转铰链的种类较多，如：LET 柔性铰链、短臂柔铰、交错轴铰链、大位移旋转铰链、裂筒式柔性铰链等，但是不同类型的铰链有不同的特点，适合不同的机构类型。对于多层 LEMs 柔顺机构来说，宜选用能在材料平面内或几近平面状态加工的柔顺元件，其中常见的是 LET 柔性铰链，以及根据其形成原理衍生出来的环形铰链、U 型铰链等。本节选用 LET 柔性铰链，机构的其他构件根据需求完成设计。

图 7-45（c）所示刚性机构的柔顺机构构型设计如图 7-47 所示。由于动力构件中靠近平行四边形机构的 LET 铰链扭转角非常小，故建立柔顺机构模型时将该铰链忽略。动力构件直接固定在平行四边形机构上，执行构件通过移动副（半铰链）与平行四边形机构连接。当给滑块施加水平拉力时，执行构件弹起离开平面，LET 铰链产生较大变形，同时机构存储变形能；将水杯放入后，变形能释放，使得水杯在受到水平方向约束时，也受到向下按压的作用力。当需取出水杯时，再次输入载荷使执行构件弹起，取出水杯后，变形能释放，机构自动恢复平面状态。

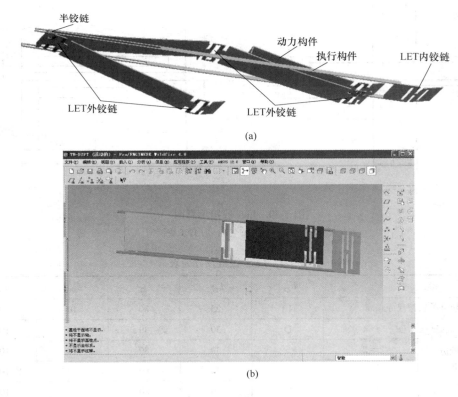

图 7-47　柔顺机构模型
（a）机构构型；（b）机构 Pro/E 模型

该机构主要参数及尺寸如图 7-48、表 7-6 所示，外 LET 铰链和内 LET 铰链的参数及尺寸如图 7-49、表 7-7 所示。

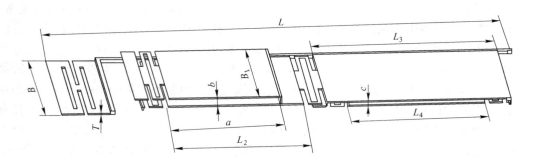

图 7-48　多层 LEMs 机构主要参数示意图

表 7-6　多层 LEMs 机构主要尺寸列表

主要参数	B	B_1	L	L_2	L_3	L_4	T	a	b	c
尺寸/mm	290	260	1028	300	408	300	2	20	248	10

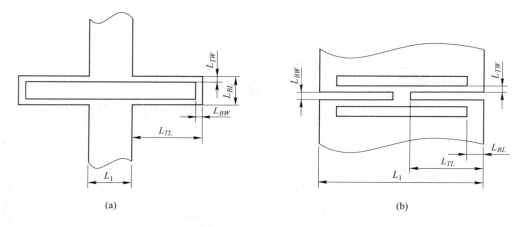

图 7-49　LET 铰链示意图

（a）外 LET 铰链；（b）内 LET 铰链

表 7-7　LET 铰链尺寸列表

参　　数		L_{TW}	L_{BL}	L_{TL}	L_{BW}	L_1
滑块处外铰链尺寸/mm		10	25	80	10	100
平行四边形机构外铰链 i 尺寸 /mm	$i=1$	11	30	80	10	100
	$i=2$	5	30	80	10	100
	$i=3$	5	30	80	10	100
	$i=4$	10	30	80	10	100
执行构件处内铰链尺寸/mm		12	20	130	30	290

　　采用厚度为 2mm 的 ABS 工程塑料，其优势在于弹性较大，价格低廉，易于加工。主要加工方法有：切割、粘贴、拼接、压模等。按照平面精雕加工后装配。为了实现机构的

执行功能，执行构件选用普通钢材。ABS 工程塑料的基本性能参数列于表 7-8。

表 7-8　ABS 工程塑料的基本性能参数

材料名称	密度 ρ	弹性模量 E	泊松比 μ	屈服强度 σ_s
ABS 工程塑料	$1.1\mathrm{g/cm^3}$	$2.2\mathrm{GPa}$	0.34	50MPa

7.4.3　多层 LEMs 柔顺机构设计实例的伪刚体模型与仿真分析

7.4.3.1　机构伪刚体模型的建立

本节建立多层 LEMs 柔顺机构设计实例的一般伪刚体模型，基于 LET 铰链等效弹簧刚度模型，推导出该机构的输入载荷和输出位移量的理论计算公式。

将图 7-47 所示的机构看作是集中柔度的全柔性机构（lumped compliance compliant mechanism，LCCM），则建立其一般伪刚体模型如图 7-50 所示，则当滑块 A 处输入水平力 $\boldsymbol{F}$ 时，LET 铰链有较大扭转变形，执行构件输出角位移 θ，从而 B 处产生向上的运动。与短臂柔铰类似，可以把其特征铰链安放在 LET 铰链总长度的中点，因为大变形仅仅发生在比杆件短得多的 LET 铰链处，故将它处理成含有扭簧的转动副。图示的机构是由滑块机构、四杆机构和执行构件组合而成，故它的虚功方程可基于四杆机构、滑块机构的虚功方程导出。

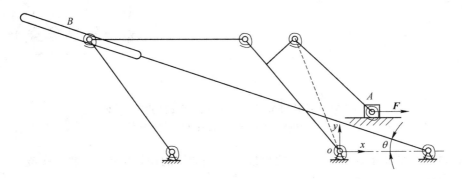

图 7-50　多层 LEMs 机构伪刚体模型

A　滑块机构

滑块机构（动力构件）伪刚体模型如图 7-51（a），虚功为：

$$\delta W = \boldsymbol{F}_{\mathrm{out}} \cdot \delta z_2 + \boldsymbol{F}_{\mathrm{in}} \cdot \delta z_4 + \boldsymbol{F}_{\mathrm{s}} \cdot \delta z_4 + \boldsymbol{T}_1 \cdot \delta\boldsymbol{\psi}_1 + \boldsymbol{T}_2 \cdot \delta\boldsymbol{\psi}_2 + \boldsymbol{T}_3 \cdot \delta\boldsymbol{\psi}_3 \quad (7\text{-}45)$$

式中，$\boldsymbol{F}_{\mathrm{in}}$ 为作用在滑块上的水平力：

$$\boldsymbol{F}_{\mathrm{in}} = X_4\hat{i} \quad (7\text{-}46)$$

$\boldsymbol{F}_{\mathrm{out}}$ 为滑块机构连杆和连架杆（图 7-51（a）中用虚线示意）连接处铰链输出的力：

$$\boldsymbol{F}_{\mathrm{out}} = X_2\hat{i} + Y_2\hat{j} \quad (7\text{-}47)$$

假设方向垂直于连架杆，则 $X_2 = -F_{\mathrm{out}}\sin\theta_2$，$Y_2 = F_{\mathrm{out}}\cos\theta_2$（$\theta_2$ 在 90°~180° 之间）：

$$\boldsymbol{F}_{\mathrm{s}} = -f_{\mathrm{k}}(\psi_4)\hat{i} \quad (7\text{-}48)$$

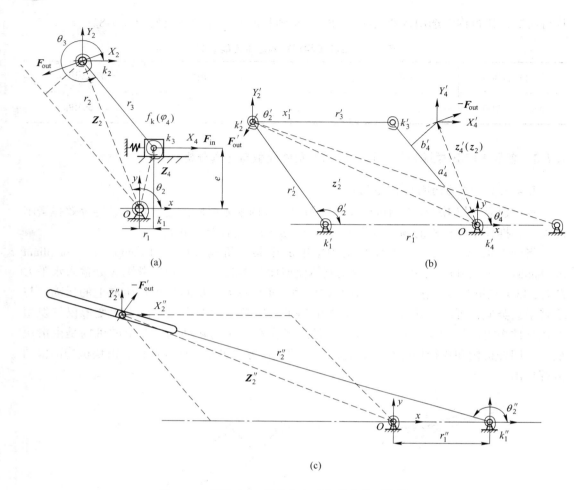

图 7-51 多层 LEMs 机构各组成部分的伪刚体模型

(a) 滑块机构；(b) 四杆机构；(c) 执行构件

f_{k} 是弹簧力，它是关于 $\psi_4 = r_1 - r_{10}$ 的函数（r_{10} 是滑块的初始位置）。虚位移 δz_i 可以用链式微分法对位移矢量 z_i 求导得出，$z_2 = r_2\cos\theta_2\hat{i} + r_2\sin\theta_2\hat{j}$，$z_4 = (r_2\cos\theta_2 + r_3\cos\theta_3)\hat{i} + e\hat{j}$（$\theta_3$ 在 $270° \sim 360°$ 之间），微分得到：

$$\delta z_2 = (-r_2\sin\theta_2\hat{i} + r_2\cos\theta_2\hat{j})\delta\theta_2 \qquad (7\text{-}49)$$

$$\delta z_4 = (-r_2\sin\theta_2\delta\theta_2 - r_3\sin\theta_3\delta\theta_3)\hat{i} \qquad (7\text{-}50)$$

铰链 i 处扭簧的虚功可由铰链处的力矩 T_i 和相应的 Lagrangian 坐标 ψ_i 确定，铰链处坐标公式为 $\psi_1 = \theta_2 - \theta_{20}$，$\psi_2 = (\theta_2 - \theta_{20}) - (\theta_3 - \theta_{30})$，$\psi_3 = (\theta_4 - \theta_{40}) - (\theta_3 - \theta_{30})$，$\psi_4 = \theta_4 - \theta_{40}$。$\delta\psi_i$ 为铰链 i 扭转角度的增量。各铰链处扭矩作用的虚功为：

$$T_1 \cdot \delta\psi_1 = T_1\delta\theta_2 \qquad (7\text{-}51)$$

$$T_2 \cdot \delta\psi_2 = T_2\delta\theta_2 - T_2\delta\theta_3 \qquad (7\text{-}52)$$

$$T_3 \cdot \delta\psi_3 = T_3\delta\theta_3 \qquad (7\text{-}53)$$

对于含有弹性常数为 K_i 的线性扭簧的伪刚体模型 $T_i = -K_i\psi_i$，对于在弹性变形范围内的一组 LET 铰链，$K_i = k_{eqi}$，即 $T_i = -k_{eqi}\psi_i$。内 LET 铰链的弹簧常数为 $k_{eq} = \dfrac{2k_T k_B}{k_T + 2k_B}$，外

LET 铰链的弹簧常数为 $k_{eq} = \dfrac{k_T k_B}{5k_T + 4k_B}$。$k_T$ 表示扭转片段的弹性常数，$k_T = \dfrac{K_i G}{L_i}$，$K_i = $

$wt^3\left[\dfrac{1}{3} - 0.21\dfrac{t}{w}\left(1 - \dfrac{t^4}{w^4}\right)\right]$，$K_i$ 为与横截面几何形状有关的参数，当横截面为圆形时，K_i

相当于极惯性矩 J；L_i 为扭转片段长度；G 为材料刚性模量。k_B 表示弯曲片段的弹性常数，

$k_B = \dfrac{EI_B}{L_B}$，E 为材料弹性模量，I_B 为梁的惯性矩，L_B 为弯曲片段长度。上述所有方程中宽

度 w 必须大于等于厚度 t，即 $w \geqslant t$。

将上述公式代入公式（7-45），并选择广义坐标 q 为 θ_2，得到：

$$\delta W = (A' + g_{32}B')\delta\theta_2 \tag{7-54}$$

式中，

$$A' = (-r_2 X_2 - r_2 X_4 + r_2 F_s)\sin\theta_2 + r_2 Y_2\cos\theta_2 + T_1 + T_2$$
$$B' = (-r_3 X_4 + r_3 F_s)\sin\theta_3 - T_2 + T_3$$
$$g_{32} = \frac{\delta\theta_3}{\delta\theta_2} = \frac{r_2\cos\theta_2}{-r_3\cos\theta_3}$$

根据虚功原理（$\delta W = 0$），得到方程：

$$\{r_3\cos\theta_3[(-r_2 X_2 - r_2 X_4 + r_2 F_s)\sin\theta_2 + r_2 Y_2\cos\theta_2 + T_1 + T_2] -$$
$$r_2\cos\theta_2[(-r_3 X_4 + r_3 F_s)\sin\theta_3 - T_2 + T_3]\}\delta\theta_2 = 0 \tag{7-55}$$

由滑块机构的几何位置关系得到：

$$r_2\sin\theta_2 + r_3\sin\theta_3 = e \tag{7-56}$$

B 平行四边形机构

平行四边形机构伪刚体模型如图 7-51（b），虚功为：

$$\delta W' = \boldsymbol{F}'_{out} \cdot \delta\boldsymbol{z}'_2 + (-\boldsymbol{F}_{out}) \cdot \delta\boldsymbol{z}'_4 + \boldsymbol{T}'_1 \cdot \delta\boldsymbol{\psi}'_1 + \boldsymbol{T}'_2 \cdot \delta\boldsymbol{\psi}'_2 + \boldsymbol{T}'_3 \cdot \delta\boldsymbol{\psi}'_3 + \boldsymbol{T}'_4 \cdot \delta\boldsymbol{\psi}'_4 \tag{7-57}$$

式中，$-\boldsymbol{F}_{out}$ 为由滑块机构传递到平行四边形机构的力：

$$-\boldsymbol{F}_{out} = X'_4\hat{i} + Y'_4\hat{j} \tag{7-58}$$

$-\boldsymbol{F}_{out}$ 与 $\boldsymbol{F}_{out}$ 互为反作用力，故 $X'_4 = F_{out}\sin\theta_2$，$Y'_4 = -F_{out}\cos\theta_2$。$\boldsymbol{F}'_{out}$ 为平行四边形机构输出到执行构件的力：

$$\boldsymbol{F}'_{out} = X'_2\hat{i} + Y'_2\hat{j} \tag{7-59}$$

其中，$X'_2 = -F'_{out}\sin\theta''_2$，$Y'_2 = F'_{out}\cos\theta''_2$（$\theta''_2$ 为执行构件扭转角）。虚位移 $\delta z'_i$ 可以用链式微分法对位移矢量 z'_i 求导出 $z'_2 = (r'_2\cos\theta'_2 - r'_3)\hat{i} + (r'_2\sin\theta'_2)\hat{j}$，$z'_4 = (a'_4\cos\theta'_2 + b'_4\sin\theta'_2)\hat{i} + (a'_4\sin\theta'_2 - b'_4\cos\theta'_2)\hat{j}$（$\theta'_2$ 在 90°~180° 之间）。微分得到：

$$\delta z'_4 = [(-a'_4\sin\theta'_2 + b'_4\cos\theta'_2)\hat{i} + (a'_4\cos\theta'_2 + b'_4\sin\theta'_2)\hat{j}]\delta\theta'_2 \tag{7-60}$$

$$\delta z'_2 = (-r'_2\sin\theta'_2\hat{i} + r'_2\cos\theta'_2\hat{j})\delta\theta'_2 \tag{7-61}$$

平行四边形机构中 $\theta'_4 = \theta'_2$，$\theta'_3 = 0$，故 $\psi'_i = \theta'_2 - \theta'_{20}$（$i = 1 \sim 4$）；对于 LET 铰链 i（$i = 1 \sim$

4)，则 $\boldsymbol{T'}_i = -k'_{\text{eqi}}(\theta'_2 - \theta'_{20})$。各铰链处扭矩作用的虚功为：

$$\boldsymbol{T'}_i \cdot \delta\boldsymbol{\psi'}_i = T'_i\delta\theta'_2 \tag{7-62}$$

将式（7-58）～式（7-62）代入式（7-57），应用虚功原理得到：

$$\left[(-a'_4X'_4 + b'_4Y'_4 - r'_2X'_2)\sin\theta'_2 + (b'_4X'_4 + a'_4Y'_4 + r'_2Y'_2)\cos\theta'_2 + T'_1 + T'_2 + T'_3 + T'_4\right]\delta\theta'_2 = 0 \tag{7-63}$$

由平行四边形机构和滑块机构的几何位置关系得到：

$$\theta'_2 - \theta_2 = \tan\left(\frac{b'_4}{a'_4}\right) \tag{7-64}$$

C　执行构件

执行构件伪刚体模型如图 7-51（c），虚功为：

$$\delta W'' = -\boldsymbol{F'}_{\text{out}} \cdot \delta z''_2 + \boldsymbol{T''}_1 \cdot \delta\boldsymbol{\psi''}_1 \tag{7-65}$$

式中，$-\boldsymbol{F'}_{\text{out}}$ 是由平行四边形机构传递到执行构件的力：

$$-\boldsymbol{F'}_{\text{out}} = X''_2\hat{i} + Y''_2\hat{j} \tag{7-66}$$

$-\boldsymbol{F'}_{\text{out}}$ 与 $\boldsymbol{F'}_{\text{out}}$ 互为反作用力，故 $X''_2 = F'_{\text{out}}\sin\theta''_2$，$Y''_2 = -F'_{\text{out}}\cos\theta''_2$。虚位移 $\delta z''_i$ 可以用链式微分法对位移矢量 $\boldsymbol{z''}_i$ 求导得出，位移矢量：

$$\boldsymbol{z''}_2 = \boldsymbol{z'}_2 = (r'_2\cos\theta'_2 - r'_3)\hat{i} + (r'_2\sin\theta'_2)\hat{j}$$

微分得到：

$$\delta z''_2 = ((-r'_2\sin\theta'_2)\hat{i} + (r'_2\cos\theta'_2)\hat{j})\delta\theta'_2 \tag{7-67}$$

$\psi''_1 = \theta''_2 - \theta''_{20}$，$\boldsymbol{T''}_1 = -k''_{\text{eq}}(\theta''_2 - \theta''_{20})$，铰链处扭矩的虚功为：

$$\boldsymbol{T''}_1 \cdot \delta\boldsymbol{\psi''}_1 = T''_1\delta\theta''_2 \tag{7-68}$$

将式（7-66）～式（7-68）代入到式（7-65）中，得到：

$$\delta W'' = (-r'X''_2\sin\theta'_2 + r'_2Y''_2\cos\theta'_2)\delta\theta'_2 + T''_1\delta\theta''_2 \tag{7-69}$$

由执行构件的几何位置关系得出：

$$r'_2\sin\theta'_2 = r''_2\sin(\pi - \theta''_2) \tag{7-70}$$

$$-r'_2\cos\theta'_2 + r'_3 + r''_1 = r''_2\cos(\pi - \theta''_2) \tag{7-71}$$

联立式（7-70）和式（7-71）得到：

$$-r'_2\cos\theta'_2 + r'_3 + r''_1 + r'_2\sin\theta'_2\cot\theta''_2 = 0 \tag{7-72}$$

式（7-72）为非线性方程，求微分得到：

$$\frac{\mathrm{d}\theta'_2}{\mathrm{d}\theta''_2} = \frac{r'_2\sin\theta'_2(1 + \cot^2\theta''_2)}{r'_2\cos\theta'_2\cot\theta''_2 + r'_2\sin\theta'_2} \tag{7-73}$$

将式（7-73）代入到式（7-69），并应用虚功原理得到：

$$\left[(-r'_2X''_2\sin\theta'_2 + r'_2Y''_2\cos\theta'_2)\frac{r'_2\sin\theta'_2(1 + \cot^2\theta''_2)}{r'_2\cos\theta'_2\cot\theta''_2 + r'_2\sin\theta'_2} + T''_1\right]\delta\theta''_2 = 0 \tag{7-74}$$

综合得到多层 LEMs 机构的虚功方程，结果可表达为：

$$A\delta\theta_2 + B\delta\theta'_2 + C\delta\theta''_2 = 0 \tag{7-75}$$

式中，

$$A = r_3\cos\theta_3\big[\,(-r_2X_2 - r_2X_4 + r_2F_s)\sin\theta_2 + r_2Y_2\cos\theta_2 + T_1 + T_2\,\big] -$$
$$r_2\cos\theta_2\big[\,(-r_3X_4 + r_3F_s)\sin\theta_3 - T_2 + T_3\,\big]$$
$$B = (-a_4'X_4' + b_4'Y_4' - r_2'X_2')\sin\theta_2' + (b_4'X_4' + a_4'Y_4' + r_2'Y_2')\cos\theta_2' + T_1' + T_2' + T_3' + T_4'$$
$$C = (-r_2'X_2''\sin\theta_2' + r_2'Y_2''\cos\theta_2')\frac{r_2'\sin\theta_2'(1 + \cot^2\theta_2'')}{r_2'\cos\theta_2'\cot\theta_2'' + r_2'\sin\theta_2'} + T_1''$$

联立虚功方程和机构几何位置方程，可计算得到滑块上输入力 F_{in} 与执行构件输出角 θ_2' 的关系。鉴于公式的复杂性，可选用 MATLAB 进行分析计算。

7.4.3.2 机构的仿真分析

为了分析验证该机构的载荷与位移量公式推导的正确性，在 ANSYS Workbench 中创建实体模型，施加相同载荷并用有限元法作仿真分析，如图 7-52（a）所示。该机构模型建立、网格划分、载荷施加、位移云图和变形云图如图 7-52（b）、（c）、（d）所示。

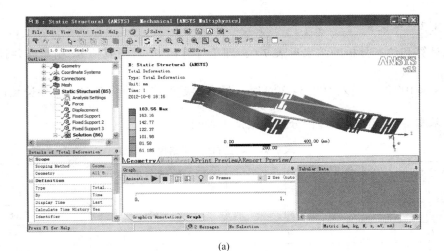

(a)

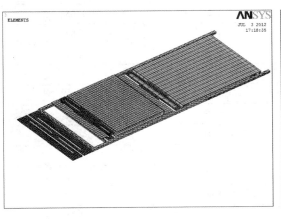

(b)

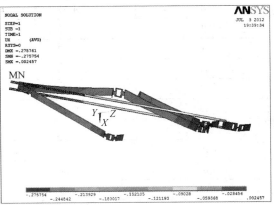

(c)

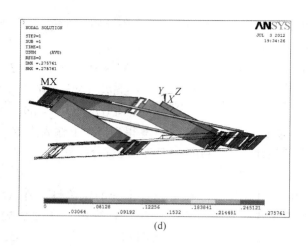

(d)

图 7-52   多层 LEMs 机构有限元仿真

（a）ANSYS Workbench 中仿真模型；（b）模型建立、网格划分；（c）位移云图；（d）变形云图

7.4.3.3   结果分析

理论计算和仿真分析的结果见表 7-9，理论计算值 θ_2'' 与仿真值 $\hat{\theta}_2''$ 相对误差计算式为 $\Delta = \dfrac{\theta_2'' - \hat{\theta}_2''}{\hat{\theta}_2''} \times 100\%$；输入力在 5~20N 时，最大误差的绝对值为 8.50%。理论和仿真分析所得结果基本一致，证明了理论分析方法是正确的。

表 7-9   两种方法分析结果

输入力 F_{in}/N	伪刚体模型扭转角 θ_2''/(°)	ANSYS 仿真扭转角 $\hat{\theta}_2''$/(°)	误差 Δ/%
0	0	0	0
5	2.80	2.65	-5.66
6	3.26	3.18	-2.52
7	3.70	3.71	0.27
8	4.17	4.24	1.65
9	4.65	4.77	2.52
10	5.12	5.29	3.21
11	5.62	5.82	3.43
12	6.13	6.35	3.46
13	6.65	6.88	3.34
14	7.1	7.41	4.18
15	7.74	7.94	2.52
16	8.36	8.47	1.30
17	9.01	9.00	-0.11
18	9.72	9.53	-1.99
19	10.50	10.06	-4.37
20	11.49	10.59	-8.50

复习思考题

7-1 写出 LEMS 的全称，并简单说明其含义。

7-2 简要说明 LEMs 柔顺机构的特点。

7-3 为什么柔顺机构比较适用于 MEMS？

7-4 简要说明 LET 铰链的特点，说明其是如何实现变形功能的。

7-5 试设计一种新型 LEMs 铰链，并分析和推导其等效弹簧刚度，说明其是如何实现转动功能的。

7-6 试设计一种新型 LEMs 夹持机构，给出其伪刚体模型图，并简单说明和分析其是如何实现夹持功能的。

7-7 什么是多层 LEMs 柔顺机构？试给出实例说明。

8 微机电系统的测试

本章主要讲述微机电系统的测试技术，依次介绍了微机电系统测试的意义，表面显微测量和微米测试系统的组成，扫描隧道显微镜、扫描探针显微镜和原子力显微镜，以及本原 CSPM4000 系列多模式扫描探针显微镜的组成和工作原理，最后简单介绍了一些微纳米工作台。

8.1 MEMS 测试技术概述

微纳米机电系统测试的意义是：微纳米检测是微纳米技术的重要组成部分；微纳米测试技术的水平直接反映 MEMS、NANS 的研究水平；微纳米检测可以通过测试各项性能和功能指标来检验微纳米结构、器件和系统的质量；微纳米测试技术为基础理论研究提供了验证的手段；微纳米测试为设计提供了直接的实验数据。

微纳米测试的关键问题：设备、仪器、装置的选择、搭建成为测试系统；测试技术、手段、方法的确定和实现；数据获取；数据处理。

微纳米测试难点：尺度；多学科；力学及机械性能在纳米量级的测试；动态信息的获取。

微纳米测试系统的组成：观测系统：微米（光学显微镜）、纳米（电子显微镜）、亚纳米（扫描隧道显微镜）；定位系统；驱动与控制系统；信号获取及处理系统。

8.2 微机电系统的测试技术

8.2.1 表面显微测量

表面显微测量的实质是：纳米尺度的测量，分辨率达 $0.1 \sim 0.001\text{nm}$，可观察物质表面结构的原子、分子状态。可测量：表面形貌、纳米尺度表征、纳米结构、纳米材料的某些性能等。不可测量：材料的内界面、纳米润滑膜、包埋在另一介质或结构中的纳米结构。

8.2.1.1 扫描隧道显微镜（scanning tunneling microscope，STM）

STM 的工作原理是：利用探针与样品在近距离（小于 0.1nm）时，由于二者存在电位差而产生的隧道电流。隧道电流对距离非常敏感，当控制压电陶瓷使探针在样品表面扫描时，由于样品表面高低不平而使针尖与样品之间的距离发生变化，从而引起了隧道电流的变化。控制和记录隧道电流的变化，并把信号送入计算机进行处理，就可以得到样品表面高分辨率的形貌图像，如图 8-1 所示。

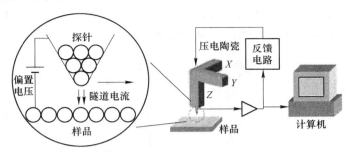

图 8-1　扫描隧道显微镜示意图

STM 的水平分辨率小于 0.1nm，垂直分辨率小于 0.001nm。

一般来讲，物体在固态下原子之间的距离在零点一到零点几个纳米之间。在扫描隧道显微镜下，导电物质表面结构的原子、分子状态清晰可见。如图 8-2 中显示的是硅表面重构的原子照片，硅原子在高温重构时组成了美丽的图案。

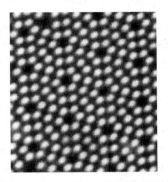

图 8-2　硅 111 面 7′7 原子重构图像

STM 得到的是实时的、真实的样品表面的高分辨率图像，是真正看到了原子。STM 既可以在真空中工作，又可以在大气中、低温、常温、高温，甚至在溶液中使用。

8.2.1.2　扫描探针显微镜（scanning probe microscope，SPM）

借鉴 STM 的方法，许多新型的显微仪器和探测方法相继诞生。这些显微仪器适用于不同的领域，具有不同的功能。它们功能各异，但都有一个共同的特点：使用探针在样品表面进行扫描，统称为扫描探针显微。例如，原子力显微镜。原子力显微镜发明以后，又出现了一些以测量探针与样品之间各种作用力来研究表面性质的仪器，如摩擦力显微镜（以摩擦力为测量对象的）、磁力显微镜（研究磁场性质）、静电力显微镜（利用静电力进行研究的）。

这些不同功能的显微镜在不同的研究领域发挥着重要的作用，它们又统称为扫描力显微镜。

8.2.1.3　原子力显微镜（atomic force microscope，AFM）

原子力显微镜的设计思想是：一个对力非常敏感的微悬臂，其尖端有一个微小的探针，当探针轻微地接触样品表面时，由于探针尖端的原子与样品表面的原子之间产生极其微弱的相互作用力而使微悬臂弯曲，将微悬臂弯曲的形变信号转换成光电信号并进行放大，就可以得到原子之间力微弱变化的信号。原子力显微镜的设计是利用微悬臂间接地感受和放大原子之间的作用力，从而达到检测的目的，如图 8-3 所示。

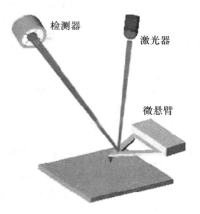

图 8-3　原子力显微镜示意图

激光检测法的工作原理是：由半导体激光器发出的一束红光经过光学透镜进行准直、聚焦后，照射到微悬臂上。三角架形状的微悬臂的尺寸大约 $100\mu m$。微悬臂的尖端是探针，背面是光滑镜面，汇聚到镜面的激光反射到四象限光敏检测器上。

当探针在样品表面扫描时，样品表面起伏不平使探针带动微悬臂弯曲变化，而使得光路发生变化，最终导致照射到光敏检测器上的激光光斑位置发生移动，光敏检测器将光斑位移信号转换成电信号，放大处理后即可得到图像信号。

扫描隧道显微镜与原子力显微镜的比较，相同点：具有同样的原子级的分辨率。区别：原子力显微镜（AFM）既可以测量导体，也可以测量非导体；而扫描隧道显微镜（STM）只可测量导体；原子力显微镜（AFM）为接触式测量，而扫描隧道显微镜（STM）为非接触式测量。

8.2.1.4　近场光学显微镜（scanning near-field optical microscope）

探针与样品之间的距离小于几十纳米的范围称为近场，STM、AFM 等利用探针在样品表面扫描的方法属于近场探测。而大于这个距离的范围叫做远场，对于光学显微镜、电子显微镜等远离样品表面进行观测的方法称为远场方法。

光子也具有光子隧道效应，也能利用光子隧道效应成像。传统光学显微镜的分辨率不能超过光波波长的一半，这限制了光学显微镜的分辨率。

物体受光波照射后，离开物体表面的光波分为两种成分：一部分光向远方传播，这是传统光学显微镜能接收的信息；而另一部分叫做隐失波的光波只能沿物体表面传播，一旦离开表面很快衰减。由于隐失波携带有研究样品表面非常有用的信息，对这种近场的光波加以研究利用，设计了近场光学显微镜。

近场光学显微镜的原理是：将一个同时具有传输激光和接收信号功能的光纤微探针移近样品表面，微探针表面除了尖端部分以外均镀有金属层以防止光信号泄露，探针的尖端未镀金属层的裸露部分用于在微区发射激光和接收信号。当控制光纤探针在样品表面扫描时，探针一方面发射激光在样品表面形成隐失场，另一方面又接收 10~100nm 范围内的近场信号。探针接收到的近场信号经光纤传输到光学镜头或数字摄像头进行记录、处理，再逐点还原成图像等信号。近场光学显微镜的其他部分与 STM 或 AFM 很相似，如图 8-4 所示。

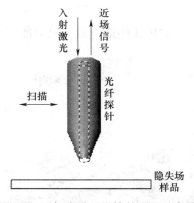

图 8-4 近场光学显微镜的原理示意图

8.2.1.5 本原 CSPM4000 系列多模式扫描探针显微镜

本原 CSPM4000 系列多模式扫描探针显微镜如图 8-5 所示。图 8-6 所示为光学显微镜和原子力探针。

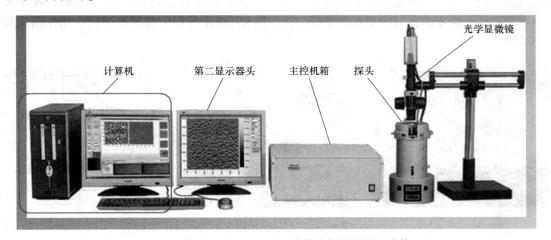

图 8-5 本原 CSPM4000 系列多模式扫描探针显微镜

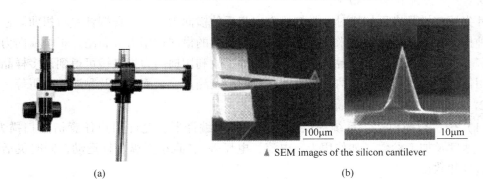

SEM images of the silicon cantilever

(a)   (b)

图 8-6 光学显微镜和原子力探针

A　显微镜的工作模式

（1）扫描隧道显微镜（STM）的工作模式。如图 8-7 所示，控制金属探针在导电样品表面进行扫描，检测扫描过程中探针与样品间隧道电流的变化来获取样品的表面形貌和其他性质。

由于要在探针和样品间产生并传输隧道电流，故只能检测导电样品。

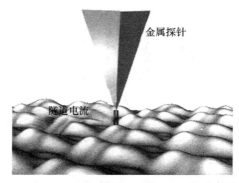

图 8-7　扫描隧道显微镜的工作模式

（2）原子力显微镜（AFM）的工作模式。控制微悬臂探针在样品表面进行扫描，检测扫描过程中探针与样品间原子的相互作用力，获取样品表面形貌和其他性质。AFM 对样品没有导电性要求，其应用范围十分广泛。图 8-8 所示分别为其接触模式、相移模式和轻敲模式。

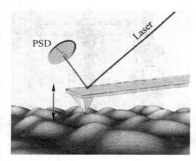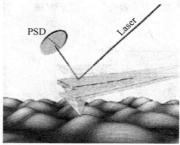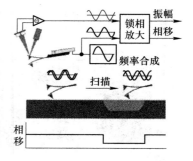

图 8-8　原子力显微镜的工作模式

B　横向力显微镜（LFM）

针尖压在样品表面扫描时，与扫描方向相反的横向力使微悬臂探针左右扭曲。通过检测这种扭曲，可获得样品纳米在尺度局域上与探针的横向作用力分布图。影响横向力的因素很多，主要包括摩擦力、台阶扭动、黏性等，故利用横向力显微镜可得到许多样品表面的有用信息，主要用于样品纳米级摩擦系数的间接测量、表面裂缝及黏滞性分析等。

C　纳米加工（nanolithography）

（1）矢量扫描模式。系统提供一个向量脚本编译器，允许用户任意指定扫描方向、距离、速度及加工参数（如作用力、电流、电压等），直接操纵探针运动，同时灵活测定各种信号和数据。

（2）图形刻蚀模式。通过加载图案或图形文件，设定相应的加工参数，系统自动控制探针按对应的图案进行纳米刻蚀。

图 8-9 所示为中国科学院化学所的科技人员利用纳米加工技术在石墨表面通过搬迁碳原子而绘制出的图案。

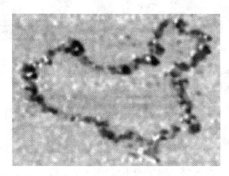

图 8-9 利用纳米加工技术在石墨表面通过搬迁碳原子而绘制出的图案

图 8-10 所示分别为 DNA 的三链结构、pBR322 DNA 的 AFM 图像和烟草花叶病毒（MTV）的 AFM 图像。

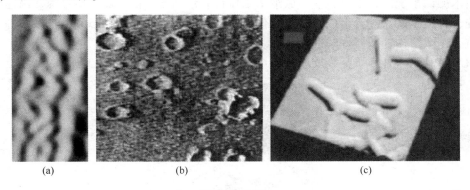

(a)　　　　　　　　(b)　　　　　　　　(c)

图 8-10 DNA

（a）DNA 的三链结构；（b）pBR322 DNA 的 AFM 像；（c）烟草花叶病毒的 AFM 像

D 显微镜的标定

（1）扫描隧道显微镜。分辨率 0.1nm，以国际公认的石墨（HOPG）晶体标定；如图 8-11 所示。

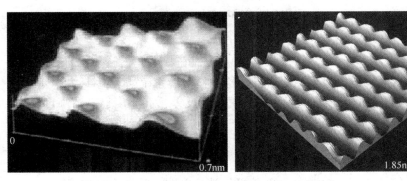

图 8-11 扫描隧道显微镜的石墨晶体标定

（2）原子力显微镜。分辨率 0.2nm，以国际公认的云母（Mica）晶体标定，如图8-12所示。

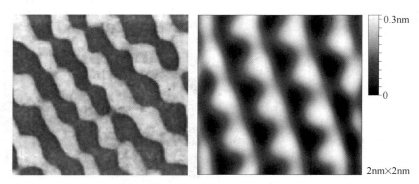

图 8-12　原子力显微镜的云母晶体标定

8.2.2　微米测试系统

微米测试系统由光学显微镜、微纳米工作台、致动器、控制器、信号源、高速图像采集系统、各类测试软件等组成。其功能包括：微结构、微器件的静态测量；微器件动态运行的监测；微结构、微器件的性能测试。

OLYMPUS BX51M 研究级反射式半导体检测显微镜系统如图 8-13 所示。

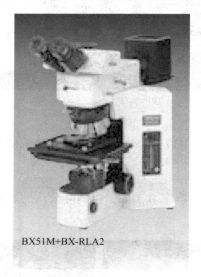

BX51M+BX-RLA2

图 8-13　OLYMPUS BX51M

OLYMPUS BX51M 研究级反射式半导体检测显微镜系统如下：

光学系统：UIS 万能无限远光学系统，提供高反差、高亮度、高清晰度、高对比度的完美图像。

观察方式：反射明场、反射暗场观察。

物镜：反射用；采用 5 孔物镜转盘安装；物镜具体参数为：

MPLBD（5 倍、10 倍、20 倍、100 倍平场消色差明、暗场观察物镜）；

LMPLFL50XBD（50倍，长工作距离平场半复消色差明、暗场物镜）。

目镜：10倍宽视场高眼点目镜，内置十字测微尺，X轴带有刻度，可进行粗略快速测量；视场数22；15倍目镜，视场数14。

载物台：带刻度高抗磨损性陶瓷覆盖层载物台。

照明装置：内置式反射光柯勒照明器，12V100W卤素灯光源，光量预设开关（方便照相使用），滤色片（LBD白平衡，IF550绿色）。

增高臂：WI-ARMAD。

梳齿微加速度计照片如图8-14所示。

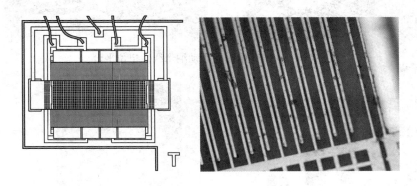

图 8-14　梳齿微加速度计

微米测试系统如图8-15所示。

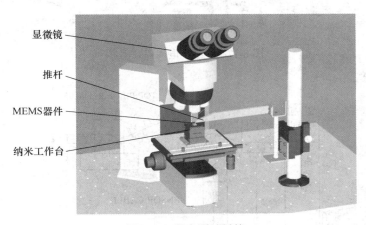

图 8-15　微米测试系统

8.2.3　微纳米工作台

下面举例介绍纳米定位工作台系统。由普爱纳米位移技术有限公司生产的纳米定位工作台系统如下：

P-621.2CL　两维压电陶瓷驱动纳米线性定位平台。

P-621.ZCL　一维压电陶瓷驱动纳米线性定位平台，如图8-16所示。

P-840.60　一维压电陶瓷致动器，如图8-17所示。

P-840.95　半球形顶头，如图 8-18 所示。

E-501.00　控制器主机箱，如图 8-19 所示。

图 8-16　一维压电陶瓷驱动纳米线性定位平台

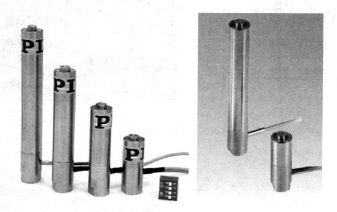

图 8-17　一维压电陶瓷致动器

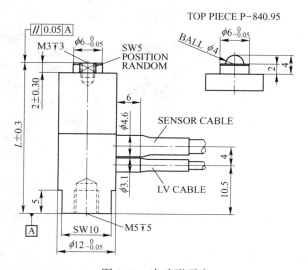

图 8-18　半球形顶头

E-503.00　功放模块，如图 8-20 所示。

E-509.C3A　传感器伺服控制模块，如图 8-21 所示。

E-516.I3　计算机接口/显示模块，如图 8-22 所示。

图 8-19　控制器主机箱

图 8-20　功放模块

图 8-21　传感器伺服控制模块

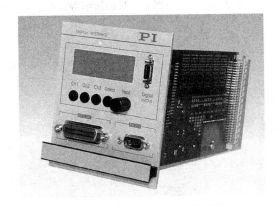

图 8-22　计算机接口/显示模块

组合工作台如图 8-23 所示。

图 8-23   组合工作台

8.2.4   微纳米测试系统的拓展

微操作系统在微纳米测试系统，即观测系统、定位系统、驱动与控制系统及信号获取及处理系统的基础上，增加微夹持及操纵系统和微操作装置。

微装配系统在微纳米测试系统，即观测系统、定位系统、驱动与控制系统及信号获取及处理系统的基础上，增加微机械手及闭环控制系统。

复习思考题

8-1 微几何量测试系统主要包括哪几个组成部分？

8-2 扫描电子显微镜观测系统的成像原理是什么？

8-3 比较原子力显微镜接触模式和轻敲模式的不同之处，从成像原理、针尖与样品表面的接触情况、对探针悬臂弹性系数的要求、适用范围以及对测量结果的影响等方面进行比较。

参 考 文 献

［1］Howell L L. 柔顺机构学［M］. 余跃庆，译. 北京：高等教育出版社，2007.

［2］Howell L L, Magleby S P, Olsen B M. 柔顺机构设计理论与实例［M］. 陈贵敏，等译. 北京：高等教育出版社，2015.

［3］徐泰然. MEMS 和微系统——设计与制造［M］. 王晓浩，等译. 北京：机械工业出版社，2004.

［4］Lobontiu N. Compliant mechanisms：design of flexure hinges［M］. CRC press, 2002.

［5］傅建中，胡旭晓. 微系统原理与技术［M］. 北京：机械工业出版社，2005.

［6］莫锦秋，梁庆华，汪国宝，等. 微机电系统设计与制造［M］. 北京：化学工业出版社，2004.

［7］王琪民. 微型机械导论［M］. 合肥：中国科学技术大学出版社，2003.

［8］［日］板生清等. 光微机械电子学［M］. 崔东印，译. 北京：科学出版社，2002.

［9］石庚辰. 微机电系统技术［M］. 北京：国防工业出版社，2002.

［10］梅涛，伍小平. 微机电系统［M］. 北京：化学工业出版社，2003.

［11］苑伟政，马炳和. 微机械与微细加工技术［M］. 西安：西北工业大学出版社，2000.

［12］章吉良，杨春生，等. 微机电系统及其相关技术［M］. 上海：上海交通大学出版社，1999.

［13］Menz W, Mohr J, Paul O. 微系统技术［M］. 王春海，等译. 北京：化学工业出版社，2003.

［14］李德胜，等. MEMS 技术及其应用［M］. 哈尔滨：哈尔滨工业大学出版社，2002.

［15］刘广玉，樊尚春，周浩敏. 微机械电子系统及其应用［M］. 北京：北京航空航天大学出版社，2003.

［16］李庆祥，等. 微装配与微操作技术［M］. 北京：清华大学出版社，2004.

［17］孙世基，黄承绪. 机械系统刚柔耦合动力分析及仿真［M］. 北京：人民交通出版社，2000.

［18］魏悦广. 机械微型化所面临的科学难题——尺度效应［J］. 世界科技研究与发展，2000，22（2）：57~61.

［19］Midha A, etal. On the nom enclature, classification, and abstractions of compliant mechanisms［J］. ASME J . of Mechanical Design, 1994, 116（1）：270~279.

［20］Wang Weiyuan, Wang Yuelin, Bao Haifei, Xiong Bin, Bao Minhang. Friction and wear properties in MEMS［J］. Sensors and Actuators A, 2002, 97~98：486~491.

［21］Williams J A. Friction and wear of rotating pivots in MEMS and other small scale devices［J］. Wear, 2001, 251：965~972.

［22］Edward E. Jones, Matthew R. Begley, Kevin D. Murphy, Adhesion of micro-cantilevers subjected to mechanical point loading—modeling and experiments［J］. Journal of the Mechanics and Physics of Solids, 2003, 51：1601~1622.

［23］Yang Fuqian. Adhesive contact of axisymmetric suspended miniature structure［J］. Sensors and Actuators A, 2003, 104：44~52.

［24］Bhushan, Bharat；Nosonovsky, Michael. Comprehensive model for scale effects in friction due to adhesion and two- and three-body deformation（plowing）［J］. Acta Materialia, 2004, 52（8）：2461~2474.

［25］于靖军，宗光华，毕树生. 全柔性机构与 MEMS［J］. 光学精密工程，2001，9（1）：1~5.

［26］刘瑞华，刘建业. 振动轮式 MEMS 陀螺动力学分析［J］. 宇航学报，2001，22（6）：114~118.

［27］刘佳宇，谭湘强，李芳. 鱼形微机器人推进的力学分析［J］. 华东理工大学学报，2004，30（3）：358~360.

［28］田文超，贾建援. MEMS 粘附问题研究［J］. 仪器仪表学报，2003（21）：582~584.

［29］Tilleman, Michael M. Analysis of electrostatic comb-driven actuators in linear and nonlinear regions［J］. International Journal of Solids and Structures, 2004, 41（18~19）：4889~4898.

[30] Cameron Boyle, Larry L. Howell, Spencer P. Magleby, Mark S. Evans. Dynamic modeling of compliant constant-force compression mechanisms [J]. Mechanism and Machine Theory, 2003, 38: 1469~1487.

[31] Carey M W, Chase J. Geoffrey, Carr A J; Kowarz M W. Dynamic analysis of bifurcating, non-linear thin film micro-structures [J]. Engineering Structures, 2004, 26 (12): 1821~1831.

[32] Izham Zaki, Ward, Michael C L. Dynamic simulation of a resonant MEMS magnetometer in Simulink [J]. Sensors and Actuators A: Physical, 2004, 115 (2~3): 392~400.

[33] Li Hua, Wang Q X, Lam K Y. Development of a novel meshless Local Kriging (LoKriging) method for structural dynamic analysis [J]. Computer Methods in Applied Mechanics and Engineering, 2004, 193 (23~26): 2599~2619.

[34] 于靖军, 毕树生, 宗光华, 等. 基于伪刚体模型法的全柔性机构位置分析 [J]. 机械工程学报, 2002, 38 (2): 75~78.

[35] 于靖军, 毕树生, 宗光华, 等. 全柔性机器人机构结构动力学分析方法研究 [J]. 机械工程学报, 2004, 40 (8): 54~58.

[36] 魏洪兴, 王晓东, 孟庆鑫. 一种被动柔顺水下手爪的研究 [J]. 海洋技术, 2000, 19 (3): 17~20.

[37] Hiroya Ishii, Kwun-Lon Ting, SMA actuated compliant bistable mechanisms [J]. Mechatronics, 2004, 14: 421~437.

[38] Ashok Midhaa, Larry L. Howell, Tony W. Norton. Limit positions of compliant mechanisms using the pseudo-rigid-body model concept [J]. Mechanism and Machine Theory, 2000, 35: 99~115.

[39] Nicolae Lobontiu, Ephrahim Garcia. Analytical model of displacement amplification and stiffness optimization for a class of flexure-based compliant mechanisms [J]. Computers and Structures, 2003, 81: 2797~2810.

[40] Jaydeep L. Gaikwad, Bhaskar Dasgupta, Ujwal Joshi. Static equilibrium analysis of compliant mechanical systems using relative coordinates and loop closure equations [J]. Mechanism and Machine Theory, 2004, 39: 501~517.

[41] Nicolae Lobontiu. Distributed-parameter dynamic model and optimized design of a four-link pendulum with flexure hinges [J]. Mechanism and Machine Theory, 2001, 36: 653~669.

[42] Mohammad I. Younis. Modeling and Simulation of Microelectromechanical Systems in Multi-Physics Fields [J]. June 28, 2004, Blacksburg, Virginia.

[43] Xiao-Ping S. Su, Henry S. Yang. Design of compliant microleverage mechanisms [J]. Sensors and Actuators A, 2001, 87: 146~156.

[44] 邱丽芳, 韦志鸿, 徐金梧. 新型平面折展机构柔性铰链等效刚度分析 [J]. 机械工程学报, 2014 (17): 25~30.

[45] 邱丽芳, 韦志鸿, 俞必强, 等. LET 柔性铰链的等效刚度分析及其参数优化 [J]. 工程力学, 2014, 31 (1): 188~192.

[46] 邱丽芳, 胡锋, 邹静. 基于伪刚体因子的 LEMs 设计 [J]. 农业机械学报, 2015, 46 (2): 365~371.

[47] 胡锋, 邱丽芳, 周杰, 等. 高平行度双稳态夹持机构设计与分析 [J]. 工程科学学报, 2015 (4): 522~527.

[48] Zirbel S A, Aten Q T, Easter M, et al. Compliant constant-force micro-mechanism for enabling dual-stage motion [C] //ASME 2012 International Design Engineering Technical Conferences and Computers and Information in Engineering Conference. American Society of Mechanical Engineers, 2012: 191~198.

[49] Teichert G H, Aten Q T, Easter M, et al. A metamorphic erectable cell restraint (MECR) [C] //ASME

2012 International Design Engineering Technical Conferences and Computers and Information in Engineering Conference. American Society of Mechanical Engineers, 2012：197~203.

［50］邱丽芳，楚红岩，杨德斌，等. 基于伪刚体模型的多层 LEMs 建模与仿真［J］. 农业机械学报，2013（9）：255~260.

［51］邱丽芳，楚红岩，杨德斌，等. 多层 LEMs 性能与结构参数的关系［J］. 北京科技大学学报，2014，36（3）：383~389.

［52］温诗铸. 关于微机电系统研究［J］. 中国机械工程，2003，14（2）：159~163.

［53］季国顺，张永康. 微机械系统建模与仿真技术研究［J］. 光学精密工程，2002，10（6）：626~631.

［54］Jacobsen J O, Winder B G, Howell L L, et al. Lamina Emergent Mechanisms and Their Basic Elements［J］. Journal of Mechanisms & Robotics, 2010, 2（1）：298~320.

［55］Kemeny D C, Howell L L, Magleby S P. Using Compliant Mechanisms to Improve Manufacturability in MEMS［C］// ASME 2002 International Design Engineering Technical Conferences and Computers and Information in Engineering Conference. American Society of Mechanical Engineers, 2002：247~254.

［56］Gollnick P S, Magleby S P, Howell L L. An Introduction to Multilayer Lamina Emergent Mechanisms［J］. Journal of Mechanical Design, 2011, 133（8）：602~610.

［57］Albrechtsen N B, Magleby S P, Howell L L. Using lamina emergent mechanisms to develop credit-card-sized products［C］//ASME 2011 International Design Engineering Technical Conferences and Computers and Information in Engineering Conference. American Society of Mechanical Engineers, 2011：223~231.

［58］Jacobsen J O, Chen G, Howell L L, et al. Lamina emergent torsional（LET）joint［J］. Mechanism and Machine Theory, 2009, 44（11）：2098~2109.

［59］Wilding S E, Howell L L, Magleby S P. Introduction of planar compliant joints designed for combined bending and axial loading conditions in lamina emergent mechanisms［J］. Mechanism and Machine Theory, 2012, 56：1~15.

［60］Sassine G, Shahosseini I, Woytasik M, et al. Novel magnets configuration toward a high performance electrodynamic micro-electro-mechanical-systems microspeaker［J］. Journal of Applied Physics, 2014, 115（17）：41~46.

［61］Jacob L, Aiden. Development of optical based micro electro mechanical systems（MEMS）tactile sensor for vinci robotic surgical system［J］. Journal of Advanced Research in Dynamical & Control Systems, 2018, 10（1）：20~27.

［62］Shi J, Han B. Three-dimensional profile measurement of micro-electro-mechanical systems structures based on infrared light reflection interference［J］. Laser Physics, 2017, 27（11）：116~201.

［63］Lau G K, Shrestha M. Ink-Jet Printing of Micro-Electro-Mechanical Systems（MEMS）［J］. Micromachines, 2017, 8（6）：194.

［64］张瑞，梁庭，熊继军，等. 小量程 MEMS 电容式压力传感器的研究与发展［J］. 电子技术应用，2015，41（7）：11~14.

［65］赵正平. 典型 MEMS 和可穿戴传感技术的新发展［J］. 微纳电子技术，2015，52（1）：1~13.

［66］Kinnell P K, Craddoek R. Advances in silicon resonant pressure Transducers［J］. Procedia Chemistry, 2009（1）：104~107.

［67］汤子凡，张代化，王艳艳，等. MEMS 器件在药物释放中的应用与展望［J］. 纳米技术与精密工程，2016，14（5）：322~330.

［68］刘立，胡磊，丑修建. 发展中的 RF MEMS 开关技术［J］. 电子技术应用，2016，42（11）：14~17.

［69］Bernstein J, Cho S, King A T, et al. A micromachined comb-drive tuning fork rate gyroscope［C］//Micromachined comb-drive tuning fork rate gyroscope. 1993: 143~148.

[70] Putty M W and Najafi K. A micromachined vibrating ring gyroscope [C]. Solid State Sensor and Actuator Workshop. Hilton Head: Transducer Research Foundation, 1994. 213-220.

[71] Tang T K, Gutierrez R C, Wilcox J Z, StelK C, Vorperian V, et al. Silicon bulk micromachined vibratory gyroscope for microspacecraft [C] //Space Sciencecraft Control and Tracking in the New Millennium. Proc. SPIE 2810. Bellingham: SPIE, 1996.

[72] Mochida Y, Tamura M, Ohwada K. A micromachined vibrating rate gyroscope with independent beams for the drive and detection modes [J]. Sensors and Actuators A: Physical, 2000, 80 (2): 170~178.

[73] Xiong Bin, Che Lufeng, Wang Yuelin. A novel bulk micromachined gyroscope with slots structure working at atmosphere [J], Sensors and Actuators A: Physical, 2003, 107 (2): 137~145.

[74] Torbati A H, Nejad H B, Ponce M, et al. Properties of triple shape memory composites prepared via polymerization-induced phase separation [J]. Soft Matter, 2014, 10 (17): 3112~3121.

[75] Liu C, Qin H, Mather P T. Review of progress in shape-memory polymers [J]. Journal of Materials Chemistry, 2007, 17 (16): 1543~1558.

[76] Li Jin, Wang Juan, Shi Hong, et al. Review on the Development of Multifunctional Shape-Memory Polymers [J]. Materials Protection, 2013, 46 (S1): 73~77.

[77] 李敏, 黎厚斌. 形状记忆材料研究综述 [J]. 包装学报, 2014 (4): 17~23.

[78] Wang K, Zhun G M. The research progress of shape polymer composite material [J]. Material Review A, 2012, 26 (1): 16~19.

[79] Jaronie Mohd Jani, Martin Leary, Aleksandar Subic, Mark A. Gibson. A review of shape memory alloy resapplications and opportunities [J]. Materials and Design, 2014, 56: 1078~1113.

[80] 钱林茂, 田煜, 温诗铸. 纳米摩擦学 [M]. 北京: 科学出版社, 2013.

[81] Zhao Y, Wang L S, Yu T X, Mechanics of Adhesion in Mems — a Review [J]. Adhesion Sci. Technol., 2003, 17 (4): 519~546.

[82] Bhushan Bharat. Nanotribology and nanomechanics of MEMS / NEMS and BioMEMS / BioNEMS materials and devices / Bionems Materials and Devices [J]. Microelectronic Engineering, 2007, 84: 387~412.

[83] Fonseca D J, Sequera M. On Mems Reliability and Failure Mechanisms [J]. International Journal of Quality, Statistics and Reliability, 2011: 1~7.

[84] 温诗铸, 黄平. 摩擦学原理 [M]. 北京: 清华大学出版社, 2012.

[85] Bhushan B, Koinkar V N. Tribological Studies of Silicon for Magnetic Recording Applications [J]. Journal of Applied Physics, 1994, 75 (10): 5741~5746.

[86] Jacoby B, Wienss A, Ohr R, von Gradowski M, Hilgers H. Nanotribological Properties of Ultra-Thin Carbon Coatings for Magnetic Storage Devices [J]. Surface & Coatings Technology, 2003, 174: 1126~1130.

[87] Ju-Ai Ruan, Bhushan B. Atomic-Scale and Microscale Friction Studies of Graphite and Diamond Using Friction Force Microscopy [J]. Journal of Applied Physics, 1994, 76 (9): 5022~5035.

[88] Subhash Ghatu, Corwin Alex D, de Boer Maarten P. Evolution of Wear Characteristics and Frictional Behavior in Mems Devices [J]. Tribology Letters, 2011, 41 (1): 177~189.

[89] Jiang Zhaoguo, Lu C J, Bogy D B, Miyamoto T. An Investigation of the Experimental Conditions and Characteristics of a Nano-Wear Test [J]. Wear, 1995, 181~183 (2): 777~783.

[90] Alsem D H, Stach E A, Dugger M T, Enachescu M, Ritchie R O. An Electron Microscopy Study of Wear in Polysilicon Microelectromechanical Systems in Ambient Air [J]. Thin Solid Films, 2007, 515 (6): 3259~3266.

[91] Yu Hongbin, Zhou Guangya, Sinha Sujeet K, Leong Jonathan Y, Chau Fook Siong. Characterization and

Reduction of Mems Sidewall Friction Using Novel Microtribometer and Localized Lubrication Method [J]. Journal of Microelectromechanical Systems, 2011, 20 (4): 991~1000.

[92] Bhushan B. Nanotribology and Nanomechanics of Mems Devices [J]. IEEE 1996: 91~98.

[93] Yu Jiaxin, Qian Linmao, Yu Bingjun, Zhou Zhongrong. Effect of Surface Hydrophilicity On the Nanofretting Behavior of Si (100) in Atmosphere and Vacuum [J]. Journal of Applied Physics, 2010, 108 (3): 35~37.

[94] Yu Jiaxin, Kim Seong H, Yu Bingjun, Qian Linmao, Zhou Zhongrong. Role of Tribochemistry in Nanowear of Single-Crystalline Silicon [J]. Acs Applied Materials & Interfaces, 2012, 4 (3): 1585~1593.

[95] Asay David B, Dugger Michael T, Ohlhausen James A, Kim Seong H. Macro- To Nanoscale Wear Prevention Via Molecular Adsorption [J]. Langmuir, 2008, 24 (1): 155~159.

[96] Barnette Anna L, Asay David B, Kim Don, Guyer Benjamin D, Lim Hanim, Janik Michael J, Kim Seong H. Experimental and Density Functional Theory Study of the Tribochemical Wear Behavior of SiO_2 in Humid and Alcohol Vapor Environments [J]. Langmuir, 2009, 25 (22): 13052~13061.

[97] Chen Lei, Yang Mingchu, Yu Jiaxin, Qian Linmao, Zhou Zhongrong. Nanofretting Behaviours of Ultrathin Dlc Coating On Si (100) Substrate [J]. Wear, 2011, 271 (9~10SI): 1980~1986.

[98] Marino Matthew J, Hsiao Erik, Chen Yongsheng, Eryilmaz Osman L, Erdemir Ali, Kim Seong H. Understanding Run-in Behavior of Diamond-Like Carbon Friction and Preventing Diamond-Like Carbon Wear in Humid Air [J]. Langmuir, 2011, 27 (20): 12702~12708.

[99] 格雷戈里 T. A. 科瓦奇. 微传感器与执行器全书 [M]. 张文栋, 译. 北京：科学出版社, 2003.

[100] 张琛, 陈文元, 陈佳品. 微执行器 [M]. 上海：上海交通大学出版社, 2005.

冶金工业出版社部分图书推荐

书　名	作　者	定价（元）
自动控制原理（第4版）（本科教材）	王建辉　主编	32.00
自动控制原理习题详解（本科教材）	王建辉　主编	18.00
热工测量仪表（第2版）（本科教材）	张　华　编著	46.00
现代控制理论（英文版）（本科教材）	井元伟　等编	16.00
自动检测和过程控制（第4版）（本科教材）	刘玉长　主编	50.00
机电一体化技术基础与产品设计（第2版）（本科教材）	刘　杰　主编	45.00
自动控制系统（第2版）（本科教材）	刘建昌　主编	15.00
电气传动控制技术（本科教材）	钱晓龙　主编	28.00
轧制过程自动化（第3版）（本科教材）	丁修堃　主编	59.00
可编程序控制器及常用电器（第2版）（本科教材）	何友华　主编	30.00
电液比例与伺服控制（本科教材）	杨征瑞　等编	36.00
网络信息安全技术基础与应用（本科教材）	庞淑英　主编	21.00
机械电子工程实验教程（本科教材）	宋伟刚　主编	29.00
冶金设备及自动化（本科教材）	王立萍　等编	29.00
机器人技术基础（第2版）（本科教材）	宋伟刚　编著	35.00
现代机械强度引论（本科教材）	陈立杰　编著	35.00
电子技术实验汉英双语教程（本科教材）	任国燕　主编	29.00
电气控制技术与PLC（高职教材）	刘　玉　主编	45.00
机电一体化系统应用技术（高职教材）	杨普国　主编	36.00
维修电工技能实训教程（高职教材）	周辉林　主编	21.00
工厂电气控制技术（高职教材）	刘　玉　主编	27.00
机械工程控制基础（高职教材）	刘玉山　主编	23.00
单片机入门与应用（高职教材）	伍水梅　主编	27.00
热工仪表及其维护（第2版）（技能培训教材）	张惠荣　主编	32.00
炼钢厂自动化仪表现场应用技术（技能培训教材）	张志杰　主编	40.00
单片机接口与应用	王普斌　编著	40.00
冶金过程自动化基础	孙一康　等编	45.00
冶金原燃料生产自动化技术	马竹梧　编著	58.00
炼铁生产自动化技术	马竹梧　编著	46.00
炼钢生产自动化技术	蒋慎言　等编	53.00
连铸及炉外精炼自动化技术	蒋慎言　编著	52.00
热轧生产自动化技术	刘玠　等编	52.00
冷轧生产自动化技术	孙一康　等编	52.00
冶金企业管理信息化技术	漆永新　编著	56.00